虎道

博泓◎编著

台海出版社

图书在版编目（CIP）数据

虎道 / 博泓编著. -- 北京：台海出版社，2025.7. -- ISBN 978-7-5168-4132-7

Ⅰ. B848.4-49

中国国家版本馆 CIP 数据核字第 2025YZ8568 号

虎道

编　　著：博　泓	
责任编辑：王　萍	封面设计：天下书装

出版发行：台海出版社

地　　址：北京市东城区景山东街 20 号　　邮政编码：100009

电　　话：010-64041652（发行、邮购）

传　　真：010-84045799（总编室）

网　　址：www.taimeng.org.cn/thcbs/default.htm

E - mail：thcbs@126.com

经　　销：全国各地新华书店

印　　刷：三河市天润建兴印务有限公司

本书如有破损、缺页、装订错误，请与本社联系调换

开　　本：710 毫米×1000 毫米	1/16		
字　　数：181 千字		印　张：13	
版　　次：2025 年 7 月第 1 版		印　次：2025 年 7 月第 1 次	
书　　号：ISBN 978-7-5168-4132-7			

定　　价：49.80 元

版权所有　翻印必究

前 言

纵观整个自然界，虎一直给人一种威严、强大的王者形象，而它也当之无愧成为"森林之王"，在纷繁复杂的食物链中位列顶端，成为其他动物眼中的丛林霸主。得益于虎的这种王者气魄，人类为它赋予了丰富的精神象征意义，甚至在漫长的历史长河中，出现了很多与虎有关的神话、传说以及故事等在内的文学艺术作品。

通过这些作品，一代又一代的人们不断品读、感悟与虎有关的精神特质，人们甚至逐渐开始将虎看作威严、勇气、智慧与力量等独特精神的象征，由此延伸出了所谓的虎道精神。

其实，虎道精神的本质就是要求人们以虎的精神特质为榜样，积极汲取它身上所蕴含和展现出的各种精神力量，以此来获得勇往直前的无畏精神和真谛。

事实上，在当前这样一个快节奏、高压力的社会中，我们每个人都需要面对各种各样的考验、挑战，甚至还要承受各种各样的压力与困境。在如此情境之下，很多人都会感到迷茫和困惑，虽前路漫漫，但却深感举步维艰。此时，要想有所突破，重拾继续向前的勇气与力量，就需要我们从虎身上学习，借鉴它勇敢无畏、不屈不挠、借势而上、智勇双全的独特精神。

为此，我们特意为广大读者编写了这部《虎道》。本书以"虎道精神"为主题，全面剖析这一精神背后所隐含的精神特质与生存智慧，同时我们将虎道精神和当代人的实际生活进行了巧妙结合，让读者在品读过程中更好地感悟虎道精神，由此来激发自身的内在精神。

当然，为了提升本书的阅读性和启发性，我们在对虎道精神进行解读的同时，为读者朋友编写了丰富有趣的经典故事，通过"理论+故事"的阅读模式，力求让大家更好地了解和学习虎道精神的独特意义。

最后，希望每一位阅读本书的读者都能从中收获属于自己的成长能量，在虎道精神的影响和推动下，以更加勇敢、坚毅、智慧的状态去面对未来的困难与挑战，从而更好地实现自己的人生价值，成为自己的王者！

目 录

第一篇　虎啸山林，王者征途

虎威震天，勇者必胜 …………………………………………… 2
智勇双全，才能运筹帷幄 ………………………………………… 6
好胜之心，铸就王者传奇 ………………………………………… 10
强者自强，不轻易言弃 …………………………………………… 14
勇者无畏，要有必胜精神 ………………………………………… 18

第二篇　虎啸风生，不屈精神

荒野孤独，要耐得住寂寞 ………………………………………… 24
威猛称霸，霸气崛起 ……………………………………………… 28
猛者超前，展现非凡智谋 ………………………………………… 32
如虎精神，坚定意志 ……………………………………………… 36
永不言败，展现虎虎雄风 ………………………………………… 40

第三篇　虎威赋能，借势而上

虎虎生威，智慧借势 ……………………………………………… 46
威如猛虎，开启强大征程 ………………………………………… 50

霸气十足，彰显非凡气魄 ············· 54
无所畏惧，挑战未知世界 ············· 58
立威造势，成就辉煌人生 ············· 62

第四篇　智驭风云，虎谋天下

广阔视野，敏锐洞察 ················· 68
变通制胜，灵活应对挑战 ············· 72
借力管理，展现生存大智慧 ··········· 76
海阔天空，领悟虎的退让哲学 ········· 80
功成身退，深谙虎的养晦之道 ········· 84

第五篇　虎道人生，登顶巅峰

占山为王，虎的独特生存法则 ········· 90
以我为峰，彰显虎的强大气势 ········· 94
登高望远，追求卓越人生目标 ········· 98
积极进取，把握成功机遇 ············· 102
点滴积累，铸就辉煌人生 ············· 106

第六篇　虎隐山林，宁静致远

攀登高处，远离尘世喧嚣 ············· 112
以山为家，守护内心宁静 ············· 116
为家奔波，责任与担当并重 ··········· 120
强弱有度，家中智慧平衡 ············· 124
独来独往，坚守自我之路 ············· 128

第七篇　虎志不渝，坚定前行

顽强不羁，执着追求 …………………………………… 134
热忱如火，助力目标实现 ……………………………… 138
锁定目标，规划人生方向 ……………………………… 142
设定策略，让目标成为现实 …………………………… 146
咬定目标，不要轻言放弃 ……………………………… 150

第八篇　虎智之道，奇策制胜

专注当下，把握生命智慧 ……………………………… 156
冷静沉着，成就非凡人生 ……………………………… 160
深谋远虑，学习虎的谋略 ……………………………… 164
声东击西，制敌的奇招之法 …………………………… 168
创造机会，出奇制胜讲策略 …………………………… 172

第九篇　虎韵新辉，启耀征程

应变思考，智慧破局 …………………………………… 178
张弛有度，找到平衡点 ………………………………… 182
保持清醒，不被假象迷惑 ……………………………… 185
忠诚负责，勇于担当 …………………………………… 188
自信绽放，勇敢展现自己 ……………………………… 192
勇于探索，变大变强 …………………………………… 196

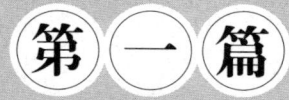

虎啸山林，王者征途

  虎有着无与伦比的尊贵与威严，它凭借着惊人的勇猛和无与伦比的霸气，在森林中稳坐王者之位，引领万物。虎不仅力量超群，更以极高的智慧治理其领地，深知如何运用策略让其他生灵心悦诚服。这就是虎，一个永不服输、充满征服欲的森林之王。

虎威震天，勇者必胜

虎道点睛

虎之所以能成为森林之王，不仅是因为它拥有锋利的爪牙和强健的体魄，更重要的是它那份与生俱来的勇气和对胜利的坚定信念。在捕猎时，虎会悄无声息地接近猎物，耐心等待最佳时机的到来，一旦发起攻击，便全力以赴，不达目的誓不罢休。这种对目标的执着追求和面对困难时的无畏精神，正是"勇者必胜"的真实写照。

在我们人类社会中，同样需要这种"虎威震天"的勇气和"勇者必胜"的信念。生活中，每个人都会遇到各种各样的困难和挑战。正如虎在面对猎物时所展现出的勇气一样，我们也应该勇敢地面对生活中的困难，不畏艰难，不惧挑战。当我们决定要去做一件事情时，首先要做的就是对自己的能力有一个清醒的认识，明确自己的优势和不足，然后制订出一个切实可行的计划。在这个过程中，我们可能会遇到挫折和失败，但只要我们拥有坚定的信念，勇敢地面对，就一定能够战胜困难，取得最终的胜利。

祖逖北伐

祖逖以"闻鸡起舞"的佳话，展现出了他目标坚定、勇往直前的精神风貌。在那个动荡的年代，他自小便怀揣壮志，梦想着能为国效力，解救民众于水深火热之中。在与挚友刘琨相伴的日子里，他们共同憧憬着如何为国家安定、百姓幸福贡献自己的力量。

每当晨光初现，鸡鸣声便打破了夜的宁静，祖逖便毅然起身，手握宝剑，投入刻苦的剑术练习中。他的眼神坚定，每一个动作都透露出不屈的力量，仿佛是向未来的挑衅宣战。刘琨见状，深受感染，也加入了晨练的队伍。两人并肩作战，在晨光中磨砺剑锋，为未来的征程做准备。

无论四季如何更迭，严寒酷暑风雨无阻，祖逖与刘琨的晨练从未间断。随着时间的推移，祖逖的剑术越发炉火纯青，而他对国家的忠诚与热爱也越发炽热。当国家遭遇外敌侵扰、内乱频发的困境时，祖逖挺身而出，带领着一支英勇的军队，踏上了北伐的征途。

北伐之路，满布荆棘，敌人强大且狡诈，但祖逖毫不退缩，他凭借着超凡的军事智慧与坚定的信念，一次次打败敌人，赢得了一场又一场的胜利。他的军队纪律严明，士气如虹，所到之处，深得民心，百姓们纷纷给予支持与援助。

尽管北伐过程中不乏失败与挫折，但祖逖却从未丧失信心。他善于从失败中吸取教训，不断调整策略，勇往直前。他的勇气与决心深深感染了周围的人，大家齐心协力，共同为国家的未来而奋斗。

最终，祖逖成功实现了北伐的壮举，收复了大片失地，为国家的稳定与发展立下了汗马功劳。他的事迹传颂千古，成为激励后人在面对困难与挑战时，坚守信念、勇往直前的光辉典范。

巨鹿之战

　　巨鹿之战是一场震古烁今的战役，它完美诠释了"勇者相逢，胜者无畏"的精神。秦朝末年，天下动荡不安，百姓饱受秦国暴政之苦。秦军大将章邯，在击败并杀死楚地反秦领袖项梁后，气焰熏天，误以为楚地已不足为虑。他率领大军渡过黄河，与王离的二十万长城精锐汇合，气势汹汹地逼近赵国。赵军抵挡不住，节节败退，最终赵王及残余部队被困巨鹿城，情况岌岌可危。

　　此时，各路诸侯虽闻讯赶来救援，但面对秦军庞大的阵势和威猛的气势，皆心生恐惧，畏缩不前，只在一旁观望。然而，楚国派出的援军，在项羽的坚决推动下，打破了这一僵局。原本担任上将军的宋义，因私心作祟，迟迟不肯进军，项羽愤怒之下斩杀了宋义，自己接掌帅印。

　　公元前207年冬，项羽率领楚军抵达漳河之畔。面对汹涌的河水和被围困的巨鹿城，项羽展现出了非凡的勇气和决心。他下令全军渡河后破釜沉舟，只带了三天口粮，誓死一搏。这一举动极大地激发了楚军的斗志，他们明白此战非胜即亡，因此个个奋勇向前，发誓要解救赵国，成就霸业。

　　战斗打响后，项羽身先士卒，手持长戟冲锋陷阵，如同战神附体，所向披靡。楚军将士们受到项羽的鼓舞，也勇猛异常，以一当十，与秦军展开了殊死搏斗。战场上杀声震天，血流成河，楚军以无畏的勇气和坚定的信念，逐渐扭转了战局。

　　经过连续九次激战，楚军终于击溃了章邯的部队，活捉了王离，并杀死了秦将苏角。而秦将涉间眼见大势已去，悲愤之下选择了自焚。巨鹿之战，楚军以少胜多，以弱胜强，成为中国历史上的一个奇迹。这场战役不仅展现了项羽的英勇无畏和其卓越的军事才能,更证明了在生死存亡之际,勇敢的心和坚定的信念是战胜一切困难的关键。巨鹿之战这样的传奇故事,将永远激励着后人勇往直前,无畏无惧。

 **总结**

  在生活的战场上,我们都是自己的勇者,面对挑战与困难,不畏惧,不退缩。正如虎之威猛,我们亦应怀揣必胜的信念,勇往直前。

  勇者之路,或许布满荆棘,但只要我们心中有光,脚下就有力量。每一次跌倒,都是为了更坚强地站起来;每一次失败,都是通往成功的垫脚石。记住,勇者无畏!因为他们的心中燃烧着不灭的火焰,那是对胜利的渴望,对梦想的执着。

智勇双全，才能运筹帷幄

虎道点睛

威猛的虎，在丛林中既是力量的象征，又充满着智慧，所以才能成为王者。一个人要想成功，就得像虎那样，既要有勇气面对困难，敢于挑战，也要有智慧去解决问题，不盲目行动。有勇气而无智慧，可能会陷入困境；有智慧而无勇气，则可能错失良机。只有智勇双全，才能像古代的军事家一样，运筹帷幄之中，决胜千里之外。这样，无论是工作还是生活，都能游刃有余、应对自如，最终成为真正的赢家。

想要赢得胜利，不仅得有力气、有勇气，还得有智慧和计谋。那些历史上的大英雄，他们不仅有勇气，还有智谋。就像诸葛亮，他坐在帐篷里就能算出怎么打败敌人；还有关羽、张飞，他们不仅勇猛，也懂得和兄弟齐心协力，一起出主意。所以说，想要获胜，就得既有勇气又有智慧，还得会想办法、会计划。这样，不管遇到什么困难，都能找到解决的办法，最终取得胜利。

诸葛亮七擒孟获

诸葛亮，字孔明，号卧龙，是三国时期伟大的政治家、军事家和外交家。他特别擅长使用"攻心"的策略，就像"七擒孟获"的故事那样，展现了他用智慧维护民族关系的才能。

刘备去世后，南方的孟获带领部族反抗蜀国。为了防止两面受敌，诸葛亮先和东吴讲和，然后在蜀国发展生产，训练军队。两年后，蜀国稳定下来，诸葛亮就亲自带兵去攻打孟获。

出发前，马谡对诸葛亮说："孟获仗着地形险要，离我们远，一直不听从朝廷的号令。你打败他，他一转身又会反。所以，打他的人不如攻他的心。这次出征，我们得让他从心里服你。"诸葛亮很赞同这个看法。

孟获虽然勇猛但缺少智谋，诸葛亮就计划先活捉他，再慢慢说服他。他命令全军不要伤害孟获，然后派王平去引诱孟获上钩。王平假装败逃，孟获追了上去，结果中了埋伏，被活捉了。

诸葛亮见到孟获，没有杀他，反而给他松绑，带他参观军营。孟获傲慢地说自己只是中了埋伏，真打起来不一定输。诸葛亮就笑着说："那你回去准备一下，我们再打过来。"

接下来的几个月里，诸葛亮一次次智取孟获，但孟获每次都找借口。第六次被擒后，孟获说："如果你再抓我，我就真心归顺。"诸葛亮答应了。第七次，孟获又被抓了，但这次诸葛亮依旧派使者去放他，还让他再带兵来打。

孟获被诸葛亮的仁义深深打动，流着泪说："丞相七擒七放，真是仁至义尽！我从心里佩服你，以后再也不反了。"孟获回去后，告诉部族首领们，蜀国丞相很厉害，我们不要再和他作对了。

诸葛亮为了让孟获和部族真心归顺，决定不设官府，不留军队，让他们自己管好自己，友好相处。这就是"攻心为上"的意思。

张良运筹帷幄

在汉王三年（公元前204年）的三月，楚汉两军在荥阳对峙了十个月。这段时间里，楚军多次切断汉军从敖仓运粮到荥阳的路线，汉军粮食紧缺，楚军又猛攻荥阳，汉王非常担忧，和郦食其商量怎么削弱楚国。

郦食其说："以前商汤打败夏桀后，封夏朝的后代在杞国；周武王打败商纣王后，封商纣王的哥哥微子启在宋国。现在秦朝暴政，灭了六国后代，让他们无处容身。如果陛下能封六国的后代为王，他们一定会感激您，愿意做您的臣民。这样，您就能称霸天下，楚王也会来拜见您。"汉王听了很高兴，立刻让人刻制印信，准备让郦食其去办这件事。

但就在郦食其要出发的时候，张良回来了。汉王正在吃饭，见到张良很高兴，就把郦食其的计策告诉了他。张良一听，大惊失色，说："如果这个计策真的实施了，陛下就危险了。"

汉王问原因，张良就用筷子做筹码给汉王解释。他说："以前商汤能封夏朝后代，是因为他确信能打败夏桀，现在陛下您能确信打败项羽吗？"汉王说："不能。"张良又说："武王能封商朝后代，是因为他得到了纣王的头颅，现在陛下能得到项羽的头颅吗？"汉王又说："不能。"张良接着又举了几个例子，比如武王做了很多好事来赢得民心，但汉王现在做不到；武王还表示不再用兵器、战马和牛车，但汉王也做不到。最后，张良说："如果封了六国后代，那些跟随陛下打仗的人就会回家，陛下还怎么夺天下呢？"

汉王一听,吓得把嘴里的饭都吐了出来,骂道:"这个书呆子,差点害了我!"然后立刻让人销毁了印信。

郦食其的计策对汉王来说就像毒药一样危险。幸好张良及时回来,用他的智慧让汉王避免了这场灾难。在后来的楚汉战争中,每当汉王遇到难题,比如韩信要在齐国称王,和项羽在鸿沟分天下时汉王想回家,垓下之战前彭越和黥布不肯出兵等,都是张良用他的智慧帮汉王解决了难题,让汉王取得了胜利。

 总结

　　智勇双全的人在面对困难和挑战时,既能够勇敢地面对困难,又能够用智慧去解决问题,制定出有效的策略,从而取得胜利。运筹帷幄则是指善于在幕后策划和指挥,通过精心的布局和谋划,使得整个局势朝着有利于自己的方向发展。因此,只有具备了智勇双全和运筹帷幄的能力,才能在生存竞争中脱颖而出,取得最终的胜利。

好胜之心，铸就王者传奇

虎道点睛

在自然界中，虎面临着各种各样的挑战。它们需要与其他猛兽争夺领地和食物，需要面对恶劣的环境考验。虎之所以能够称霸一方，关键在于它拥有一颗好胜的心。好胜之心，就是不断追求卓越、永不满足现状的精神。对于虎来说，这意味着它们永远不会安于现状，而是会不断地挑战自己，提升自己的狩猎技巧，增强自己的体能。只有这样，才能在激烈的生存竞争中脱颖而出，成为真正的王者。

好胜之心不仅对虎重要，对人类也同样如此。无论是在学习、工作还是生活中，我们都需要有一颗不断追求卓越的心。只有这样，才能在激烈的竞争中立于不败之地，实现自己的价值和梦想。当然，好胜之心并不意味着要盲目地追求胜利和成功。在追求目标的过程中，我们还需要学会冷静思考、理性分析，制订出切实可行的计划。只有这样，才能在竞争中保持清醒的头脑，做出正确的决策。

玄武门之变

李世民从小就跟随父亲李渊征战沙场，展现出了其卓越的军事智慧和领导才能。在推翻隋朝、建立唐朝的过程中，他功勋卓著。

李渊称帝后，按照传统"立嫡以长"的惯例立长子李建成为太子，而李世民则被封为秦王。这本是家族内部的权力分配，但李建成对李世民的军事和政治才能心存戒备，甚至与李元吉联手，在李渊面前不断诋毁李世民，导致父子关系逐渐疏远。这种内部的矛盾和斗争，为后来的玄武门之变埋下了伏笔。

公元626年，突厥侵犯中原，本应是国家团结共同抗敌的时刻，但李建成却利用这个机会，试图进一步削弱李世民的力量。他建议李元吉领兵迎战，并乘机要求调走李世民手下的猛将，意图接管秦王府的兵马，甚至传出要将这些兵马活埋的谣言。这种步步紧逼的做法，最终迫使李世民和他的支持者采取了行动。

公元626年六月的一天，李世民带着尉迟恭等人，在长安太极宫北面的玄武门设下埋伏。不久，太子李建成和齐王李元吉也骑马来到了玄武门，他们感觉情况不妙，立刻调头想要逃跑。这时李世民一边高喊"站住"，一边骑马追赶过来。李建成拼命奔逃，但李世民眼疾手快，一箭将他射死。李元吉见状，也想射箭反击，但因为过于慌张，连弓都拉不开。这时尉迟恭带着七十名骑兵赶到，一阵乱箭将李元吉射落马下，李元吉吓得拼命逃跑，又被尉迟恭一刀砍死。

李渊在宫里等着三个儿子，却听到外面乱哄哄的。正不知发生了什么事时，尉迟恭已经带着人马冲了进来，向李渊报告说，李建成、李元吉想要谋反，已被秦王李世民杀了。李渊听后，大吃一惊。面对

这样的形势，他只好立李世民为太子。两个月后，他又把皇位传给了李世民，自己则做了太上皇。

勾践灭吴

公元前496年，越王允常去世，其子勾践继承王位。吴王阖闾见状，以为有机可乘，决定发兵攻打越国。尽管伍子胥多次劝阻，但阖闾仍执意前行，最终战败身亡。其子夫差继位后，为了替父报仇，每日都让侍从提醒自己勿忘父仇。他刻苦训练军队，在太湖操练水军和在灵岩山练习射箭，时刻准备复仇。

公元前494年，夫差亲率大军攻打越国，两军在太湖中激战。越军战败，退守固城，但随后被吴军团团围住。勾践见形势危急，与大夫文种带领残兵突围至会稽山。面对亡国之危，勾践心急如焚。文种献计，让勾践挑选美女和珍宝送给吴国的太宰伯嚭，请他帮忙向吴王求和。

伯嚭是一个贪财好色之人，收到美女和珍宝后，便极力劝说夫差同意讲和。夫差起初不答应，但伯嚭继续游说，称勾践愿意携妻带子来吴国赎罪，愿做吴王的臣仆。夫差被说服，同意讲和。然而，伍子胥却坚决反对，但夫差并未听从。

勾践为了保全国家，甘愿接受屈辱的条件，带着妻子和大臣范蠡到吴国为吴王服役。他们住在简陋的石屋里，穿着奴仆的衣服养马。勾践夫妇勤勤恳恳，毫无怨言，甚至为吴王尝粪辨病，赢得了吴王的同情和信任。三年后，勾践终于被释放回国。

回到越国后，勾践并未忘记在吴国遭遇的屈辱经历。他更加勤奋治国，将都城迁至会稽，亲自耕种，夫人织布，同时奖励生育，发展生产。为了铭记仇恨，他生活简朴，睡在柴堆上，每天吃饭前和睡觉

第一篇 虎啸山林，王者征途

前都要尝一尝苦胆的味道，以此激励自己不忘记复仇。

在勾践和文种的治理下，越国国力日渐强盛。勾践还让范蠡秘密训练军队，准备复仇。他面对困境不仅不认输，还激起了强烈的好胜心，最终铸就了王者传奇。这就是历史上著名的越王勾践卧薪尝胆的故事。

 总结

好胜之心不仅是对胜利的渴望，更是一种自我提升和自我实现的过程。它让我们在面对困难和挑战时，始终保持坚韧不拔的意志，勇于探索未知，敢于面对失败。正是这种精神，才让我们在人生的道路上不断前行，最终成就一番事业，成为自己领域的王者。

强者自强,不轻易言弃

虎道点睛

虎作为森林之王,不仅以其威猛的外表和强大的力量著称,更以其面对困难与挑战时那份不轻言放弃的精神,成为自然界中强者自强的典范。如果一只虎在狩猎时遭遇到强大的对手或是意外的困境,它绝不会因为一时的挫败就选择逃跑或放弃。相反,虎会凭借敏锐的直觉、冷静的判断,以及那份深藏于心的勇气,继续寻找机会,直到成功捕获猎物。这种面对逆境时的坚持与毅力,正是强者应有的姿态。

在人生的道路上,我们每个人都会遇到各种各样的挑战和困难,就像虎在丛林中遇到的阻碍一样。但真正的强者,会像虎那样,不轻言放弃,即使前路再艰难,也会咬紧牙关,勇往直前。他们知道,每一次跌倒都是为了更好地站起来,每一次的失败都是通往成功的必经之路。强者自强,强者不仅体现在外在的强悍与不屈,更在于内心的坚定与执着。他们懂得,只有不断挑战自我,超越极限,才能在人生的丛林中,像虎一样,成为真正的王者。

苏武牧羊

汉武帝时期，汉朝与匈奴交战频繁，但卫青和霍去病两位大将屡战屡胜，张骞出使西域，打通了汉朝通往西域的南北道路，为汉朝开拓了新局面。匈奴败退后，表面上想和汉朝和好，还释放了之前扣留的汉朝使者。于是，公元前100年，汉武帝派中郎将苏武去送匈奴使者回国。

然而，苏武到了匈奴后，单于对他并不友好。更糟糕的是，汉朝的一个叛徒卫律已经投降了匈奴，还被封为王。卫律的副手虞常不满卫律的所作所为，想要暗杀他逃回汉朝。虞常和张胜是朋友，于是暗地里找张胜帮忙。张胜答应了，但计划却泄露了。单于让卫律审问虞常，张胜害怕，把虞常的计划告诉了苏武。

苏武是个有骨气的使者，他觉得自己如果被审问，就会给朝廷丢脸，于是想自杀。但张胜和常惠及时阻止了他，并请医生救治。单于见苏武如此刚烈，就让卫律劝他投降。但苏武坚决不投降，还大骂卫律是叛徒。

单于很是生气，想用折磨苏武的办法让他屈服。他把苏武关在地窖里，不给吃喝。但苏武靠着吃雪和地窖里的破皮带、羊皮活了下来。单于见他如此顽强，又把他流放到北海放羊，说只有公羊下小羊才放他回去。

在北海，苏武过着艰苦的生活，但他始终不忘自己是汉朝的使者。他拿着使者的节杖放羊，抱着节杖睡觉，期待着有一天能拿着节杖回到汉朝。

时间一天天过去，苏武手中节杖的穗子都掉光了，但他仍然把它当作自己的命根子。直到汉昭帝即位后，匈奴起了内乱，单于想和汉

朝和好,才答应放回苏武等人。

苏武回到汉朝时,已经是一位白发苍苍的老人了。但他坚贞不屈的精神感动了长安的百姓,大家都称赞他为有气节的大丈夫。

司马迁写史记

司马迁家族历代担任史官,他的父亲司马谈也是太史令,学识渊博。司马谈一直想编写一部涵盖中国全部历史的大书,但由于自己年迈体弱而无法实现,临终前他嘱咐司马迁一定要实现这个愿望。司马迁自幼刻苦读书、收集资料,还四处游历,亲身了解历史人物和事迹,以及各地的风俗习惯和地理环境,获取了许多书本之外的历史信息。然而,正当他着手撰写这部历史巨著之际,却遭遇了突如其来的变故。

苏武被匈奴单于扣留后,汉武帝大为震怒,立即派遣贰师将军李广利率领军队攻打匈奴。李广利率领三万汉军出酒泉与匈奴右贤王的部队激战,双方势均力敌,最后惨败。次年,汉武帝又派李广的孙子、骑都尉李陵率领五千步兵深入匈奴腹地。但因孤军奋战,人数远逊于匈奴,最终李陵战败,无奈投降匈奴。

汉武帝得知李陵投降的消息后极为愤怒,在朝堂上召集大臣们商议此事。多数大臣都指责李陵贪生怕死,背叛国家,唯独太史令司马迁为李陵辩护。汉武帝对此十分愤怒,认为他故意与朝廷作对,于是将他打入监牢。

在狱中,司马迁遭受了残酷的宫刑,他简直悲痛欲绝,一度想要自杀。然而,他想起父亲的遗愿尚未完成,自己已经收集了很多资料,不愿意就此放弃。他忍受着旁人的鄙视和嘲笑,经过十多年的不懈努力,终于用生命和心血完成了这部伟大的历史著作。这部书起初名为《太史公书》，后来被人们称为《史记》。《史记》记载了从我国传说中的黄帝到汉武帝时期的历史，共计五十多万字，分为十二本纪、十表、八书、三十世家和七十列传。司马迁在《史记》中既详细记录了历史事件，又表达了自己的观点和立场。他批判黑暗，颂扬正义，反对贪婪和暴力，同情弱小。《史记》中的人物形象鲜明，情节描写生动，因此在史学和文学领域都具有极高的价值。

 **总结**

　　强者自强，不仅是一种态度，更是一种行动。历史上的无数强者用行动证明了自己的决心和勇气，用汗水浇灌出了成功的花朵。他们的故事告诉我们，无论遇到多大的困难，只要我们保持坚定的信念，勇敢地面对，就一定能够战胜一切，成为自己生命中的强者。

勇者无畏，要有必胜精神

虎道点睛

在辽阔的大自然里，虎凭借它的强壮、英勇和不畏惧一切的气势，成为力量和勇气的标志。它们在茂密的丛林中穿梭，无论是对付狡猾的猎物，还是面对强大的对手，都展示出一种无人能敌的霸气和必胜的坚定信念。这种精神，正是我们应当学习的。

像虎那样，勇敢的人不会有害怕之心。在人生的旅途中，我们会碰到各种各样的难关和挑战。这些难关和挑战可能像一座座难以攀登的高山，阻挡我们前进，也可能像一条条深不见底的鸿沟，让我们心生恐惧。但真正的勇敢者，从不会因为困难就退缩，他们敢于直面挑战，敢于勇往直前。他们明白，只有勇敢地迈出步伐，才有可能克服困难，取得胜利。

同时，勇敢的人还需要有必胜的决心。这种决心不是盲目的自大，而是基于对自己实力的清楚了解和对目标信念的坚定。勇敢的人会冷静地分析情况，制订详细的计划，然后全力以赴地去实施。他们不会因为一时的失败就沮丧，也不会因为别人的怀疑就动摇。他们坚信，只要自己不放弃，就一定能找到克服困难的方法，最终达成自己的目标。

阏与之战

赵国有个小官叫赵奢，负责征收田租。有一次，他去平原君家收租，平原君的家人不肯交。平原君是赵国的大人物，但赵奢不怕他，依法处决了平原君家的九个管事。平原君很生气，想杀掉赵奢。赵奢却严肃地说："您是贵族，应该带头守法。如果您的家人都不交税，那法律就没用了，国家也会变弱，赵国就危险了！"平原君听了很震惊，觉得赵奢很有才能，就把赵奢推荐给了赵王。赵王让赵奢掌管国家税收，赵奢很认真，国库很快就充盈了。

后来，秦国攻打赵国，围了阏与城。赵王问廉颇能不能救，廉颇说路太远太难走。赵王又问赵奢，赵奢说："路远难走，只有勇敢的人才能赢。"于是赵王派赵奢去救。赵奢离开都城邯郸三十里就不走了，还下令："谁谈军事就杀头！"士兵们都不懂，但也不敢问。

秦军在武安城西叫阵，赵军有个军吏提议去救，结果被杀了。士兵们再也不敢提去救的事。赵奢的军队在营地待了二十八天，一直在加强防御。秦军派间谍来探虚实，赵奢假装不知道，好生招待他，让他觉得赵军不想打仗。间谍回去告诉秦军大将，大将很高兴，觉得阏与城是自己的了。

其实，赵奢送走间谍后，立刻让军队悄悄前进，一天一夜就到了阏与城附近。有个叫许历的士兵来给赵奢出主意，说秦军来势汹汹，要小心应对，还说北山是关键，谁先占谁就赢。赵奢听了很高兴，便采纳了他的意见，还派了一万人前去占领北山。秦军后来才到，但却攻不上北山。

公元前269年，赵奢指挥赵军和秦军作战，秦军大败，逃走。阏

与之战让赵奢出了名，也救了赵国。赵王很高兴，封赵奢为马服君，和廉颇、蔺相如的地位一样高，还任命许历为国尉。

军事家郭子仪

郭子仪，山西汾阳人，是唐朝有名的军事将领。除了平定安史之乱，他单枪匹马说服回纥军队一起攻打吐蕃的故事也很出名。

这个故事要从仆固怀恩的叛乱说起。安史之乱后，唐朝为了应对北方的叛乱，从西部抽调走了大量军队，导致西部边境防御变得十分薄弱，吐蕃趁机入侵并迅速逼近长安。这时，仆固怀恩也起兵反叛了。他曾在安史之乱中与郭子仪、李光弼立下大功，但觉得自己没有得到应有的奖赏和晋升，因此对朝廷心生不满。他联合吐蕃、回纥一同攻打唐朝，让唐朝陷入了两面受敌的艰难境地。

后来，仆固怀恩攻打汾州时，郭子仪让儿子领兵前去救援，自己却紧闭城门坚守不出。仆固怀恩没有交战就撤军了，但他仍然不甘心，很快又带着吐蕃、回纥和其他部队共三十万大军再次进攻。这次他们直逼长安，唐代宗急忙命令郭子仪前去救援。郭子仪带兵驻扎在长安北边的泾阳，此时他手下只有一万兵马，且被敌人团团包围，处境非常危险。

就在这时，仆固怀恩突然病逝，敌人因此失去了首领，开始各自为政。但敌我双方力量相差悬殊，胜利依然没有十足的把握。面对这样的困境，郭子仪决定运用智谋来取得胜利。他派遣了一位得力的助手去劝说回纥王，回纥王表示想要见郭子仪一面。于是，郭子仪决定亲自前往回纥军营。

回纥将领担心唐军使诈，已经做好了战斗的准备。郭子仪看到这种情况，索性脱下了盔甲，放下了武器。回纥首领看清是郭子仪后，立刻上前迎接。因为在平定安史之乱时,郭子仪曾向回纥借过兵,双方有着并肩作战的情谊,所以郭子仪在回纥军中享有很高的威望。看到郭子仪来了,回纥将士都向他行礼致敬。郭子仪趁机提出了与回纥和好的建议,回纥也欣然答应了。就这样,郭子仪凭借着自己的智慧和勇气,成功地让回纥重新成为盟友。

吐蕃得知郭子仪和回纥联手后,吓得连夜逃跑。回纥部队负责追击,郭子仪则负责在后面阻挡敌人,最终他们在西原重创了吐蕃军队,歼灭了五万敌军,还俘虏了上万人。

 **总结**

　　勇者知道,只有勇往直前,才能突破重重难关,实现自己的梦想。他们不会被失败和挫折打败,而是会从失败中学习经验,不断提升自己。因此,勇者无畏、必胜精神是他们不断前行的动力,也是他们最终取得成功的关键。在生活和工作中,我们也应该像勇者一样,勇敢面对挑战,坚定信念,勇往直前。

篇末总结

　　虎威风凛凛，一声虎啸，震彻山林，让所有生灵都为之颤抖。正如王者之路，勇者需要以无畏之心，面对一切挑战，坚信自己必将胜利。无论前路多么艰险，只要心中有信念，脚下有力量，就没有什么困难能够阻挡勇者的步伐。

　　然而，真正的王者不仅要有勇猛之心，更需要具备智慧之脑。在征途中，智者能够洞察时局，预判未来，运筹帷幄之中，决胜千里之外。只有智勇双全，才能在复杂的局势中，找到最佳的应对策略，确保每一步都走在正确的道路上。

　　好胜之心，是王者不可或缺的品质。正是这种永不满足、不断超越自我的精神，驱使着王者不断向前，攀登一座又一座高峰。正是这种好胜之心，铸就了无数王者传奇，让他们的名字在历史长河中熠熠生辉。

　　王者之路，充满荆棘与挑战。但真正的强者，从不会轻言放弃。他们会在逆境中崛起，在挫折中成长，用实力证明自己的价值。强者自强，不仅是对自己的肯定，更是对命运的抗争。

　　真正的勇者，必须具备必胜精神。无论面对多么强大的敌人，他们都会毫不畏惧地迎上前去，用勇气和智慧书写属于自己的辉煌篇章。这种必胜精神，既是王者征途中最宝贵的财富，也是推动他们不断前行的动力源泉。

第二篇

虎啸风生，不屈精神

  虎，作为森林之王，面对任何困境都展现出无畏与坚韧。它们不畏强敌，即使身陷绝境，也绝不轻言放弃。这种不屈的精神，是虎能够在自然界中被称为百兽之王的秘诀。这种精神教会我们，在面对生活中的挑战时，要像虎一样，保持不屈不挠的态度，勇往直前，直到迎来胜利的曙光。虎啸风生，不仅是力量的展现，更是虎不屈精神的颂歌。

荒野孤独，要耐得住寂寞

虎道点睛

虎的一生，大部分时间都在孤独中度过。它们不像群居动物那样拥有伙伴的陪伴，而是依靠自己的力量和智慧，在荒野中生存。这种孤独并非无奈的选择，而是虎对自我能力的信任和对自由的追求。在漫长的岁月里，虎学会了与孤独为伴。虎的孤独，并非一种消极的状态，而是一种积极的自我提升过程。它们利用孤独的时光，不断磨炼自己的狩猎技巧，提升自己的体能和智力。

耐得住寂寞，是虎教会我们的一种重要精神。许多人在走向成功的路上，都会遭遇找不到能识别自己才能的贵人的困境。有时候，是因为自己没有展现出全部的才华；有时候，则是别人没有发现自己的真正实力。要是因为一时得不到赏识就变得焦虑急躁，很可能会让之前的努力都白白浪费；相反，如果能沉得住气，耐心等待机会，在孤独中充实自己，甚至去享受这份孤独，那么这样的过程将会给自己的整个人生带来巨大的好处。

李忱的帝王路

　　李忱是唐宪宗的第十三个儿子，在长庆年间被封为光王。李忱的母亲原本是个身份低微的侍女，她是作为叛臣家属被带进宫的，后来意外得到了皇帝的宠爱，生下了李忱。然而，李忱年幼时，唐宪宗就被宦官害死，母子俩既没有得到应有的地位，也没有得到家族的庇护。

　　李忱的哥哥李恒在公元820年被宦官扶持为皇帝，即唐穆宗。唐穆宗之后，他的儿子唐敬宗李湛继位，但只活到十八岁就去世了，接着是他的弟弟唐文宗李昂和唐武宗李炎相继成为皇帝。在这二十年的时间里，作为三朝皇叔的李忱处境微妙且尴尬，他只能隐藏自己的锋芒，以装傻来保护自己。

　　为了躲避灾祸，公元841年唐武宗登基后，李忱选择出家为僧，他游历江南地区，远离了权力斗争的中心。在隐居期间，他并没有忘记自己的志向，而是像诸葛亮隐居隆中、姜太公垂钓渭水那样，等待时机。

　　在唐武宗统治的六年里，李忱不断了解宫内情况，等待时机。他在福建天竺山真寂寺念佛三年，言行谨慎，没有露出任何破绽。但有一次在与好友黄檗禅师一起观赏瀑布时，他深藏不露的雄心壮志却在对联中显露无遗。

　　一天，两人在山中闲聊，看到悬崖峭壁上的瀑布，黄檗即兴出了一个上联，让李忱对下联。李忱兴致勃勃地接下了这个挑战。黄檗吟道："千岩万壑不辞劳，远看方知出处高。"李忱几乎不假思索地对道："溪涧岂能留得住，终归大海作波涛。"黄檗听后大为赞赏。就像那瀑布一样，李忱在经历了无数的艰难险阻后，终将一飞冲天，成

就大业。

公元846年，忍辱负重的李忱在太监们的支持下，从侄儿手中夺得了皇位，成为唐宣宗。

姜太公钓鱼

姜太公，本名姜尚，也叫吕尚，是历史上非常有智慧的一个人，他帮助周文王和周武王打败了商朝，是周朝的大功臣。他早年生活困苦，有才华却没人赏识，但他一直没有放弃自己的理想。晚年时，他在渭水边隐居钓鱼，每天独自在河边等待，希望有明君能发现他。在等待的过程中，他忍受着孤独，同时在思考国家大事和治国方法。最后，他遇到了姬昌，得到了重用，辅佐文王和武王推翻了商朝，建立了周朝，成了一位杰出的政治家和军事家。

姜太公钓鱼的故事，说的是他怎样被周文王重用的事情。那时候，他住在陕西渭水边，希望有一天姬昌能发现他的才能，让他有机会为国家建功立业。所以，他常常在河边钓鱼。

不过，他钓鱼的方式很特别。他的鱼钩是直的，没有弯，而且上面也不放鱼饵。更奇怪的是，他的鱼钩还浮在水面上，钓竿离水面有三尺高。他一边高高地举着钓竿，一边自言自语："不想活的鱼儿啊，如果你们愿意，就自己上钩吧！"这就是"姜太公钓鱼，愿者上钩"的由来。

有个砍柴人见姜太公这样钓鱼，十分好奇，就走过来询问他。他说："我钓鱼不是为了抓到鱼，而是为了吸引王侯的注意！"很快，他这种奇特的钓鱼方式就传到了姬昌的耳朵里。姬昌听说后，派了一个士兵去请他来。但是，姜太公并没有理睬那个士兵，还是继续钓鱼，嘴里还念叨着："钓啊钓，鱼儿不上钩，小虾来捣乱！"

第二篇 虎啸风生，不屈精神

姬昌听了士兵的回报后，想了想，又派了一个官职更高的人去请太公。但太公还是没有理睬，一边钓鱼一边说："钓啊钓，大鱼不来，小鱼别捣乱！"姬昌知道了这事，才明白这个钓鱼的人肯定是个非常有智慧的人才。于是，他决定亲自去请太公。为了表示诚意，他提前三天吃素，还洗了澡换了新衣服，带上厚礼，亲自去请太公。太公看到姬昌这么有诚意，就答应辅佐他。后来，姜太公帮助文王治国，还帮助文王的儿子武王姬发打败了商朝，建立了周朝，立下了大功。武王还把齐地封给了他，实现了他建功立业的梦想。

 **总结**

想要成功，就必须学会忍受寂寞。很多时候，成功并不是一蹴而就的，而是需要长时间的积累和等待。在这个过程中，我们可能会感到孤独、无助，甚至怀疑自己的能力和价值。但是，只有坚持下去，耐得住寂寞，才能在机会来临时抓住它，从而实现自己的梦想。寂寞并不是坏事，它可以让我们有更多的时间和空间去思考、去成长。所以，不要害怕寂寞，要把它当成一种修炼，一种提升自己的机会。

威猛称霸，霸气崛起

虎道点睛

虎在森林间行走，每一步都彰显出它的自信和强大。它不怕困难，敢于迎接所有挑战。这种勇气，正是我们在追求事业和梦想时所需要的。我们要效仿虎，勇敢地面对生活中的困难和失败，不轻易退缩，坚守自己的信念和追求。

同时，虎的霸气也告诉我们，要有一种敢于奋斗、敢于领先的冲劲。在这个竞争激烈的社会里，我们不能只满足于现状，要敢于挑战自我，超越自我。只有不断努力，才能在职场或生活中崭露头角，成为一个优秀的人。

当然，学习虎的勇猛并不意味着我们要变得霸道或咄咄逼人。相反，我们应该在保持自信的同时，尊重别人，善待他人。这样，我们不仅能赢得尊重，还能获得更多的支持和帮助。

此外，想要像虎一样霸气，我们还需要保持一种持续学习和进步的心态。虎之所以能成为森林的霸主，是因为它不断磨炼自己的技能和本领。同样，我们也应该不断学习新知识、新技能，以提高自己的整体素质和能力。

第二篇　虎啸风生，不屈精神

楚庄王问鼎中原

楚庄王，即熊旅，刚登上楚王宝座时，楚国国内局势动荡不安。于是，他选择了隐藏实力，三年不理朝政。这三年，他表面上沉迷于玩乐，不关心国家大事，但实际上他在悄悄分辨国内的忠臣和奸臣，以及各方势力的争斗。

三年后，楚庄王开始显露出他卓越的领导才能。他重用忠诚正直的大臣，如伍举、苏从等人，并对国家进行了大刀阔斧的改革。这些改革让楚国焕然一新，国力迅速增强。在军事方面，楚庄王加强军队训练，打造了一支战斗力强大的军队。

楚国在击败晋国军队后，声名鹊起，周边的小国，如郑国等，都纷纷臣服于楚国。这时，楚庄王的野心膨胀，想要在诸侯国中称王称霸，他把目光锁定在了中原地区，那里是当时政治、经济、文化的中心。

尽管周王室在名义上仍然是天下的共主，但实际上已经日渐衰败。楚庄王认为时机已到，便率领大军向中原进发。当楚军抵达洛水河畔时，已经逼近了周王室的都城洛阳。周定王惊恐万分，连忙派遣王孙满前去安抚楚军。

楚庄王一见到王孙满，就开门见山地询问九鼎的尺寸与重量。这九鼎，作为夏、商、周三代的国宝，象征着天子至高无上的权力和统治天下的正当性。楚庄王此举，实则是在向周王室及其他诸侯国展示自己的实力，暗示自己有意取代周王室的地位。当然，王孙满也不卑不亢地回答了他的问题。这让楚庄王意识到，此时并非取代周王室的最佳时机。于是，他决定撤军，继续增强楚国的实力与影响力。

尽管楚庄王此次未能直接夺得九鼎，但他"问鼎中原"的举动，却向世人宣告了楚国的崛起与称霸天下的决心。此后，楚庄王继续南征北战，屡败强敌，使楚国成为春秋时期的一方霸主，楚庄王也因此位列春秋五霸之中。

齐桓公称霸

在春秋时期，周王室的权力逐渐减弱，各个诸侯国之间频繁爆发战争。在这场争夺霸主地位的争斗中，齐国率先崭露头角，成为春秋时期第一个霸主。自从管仲担任齐国的相国后，齐国的国力不断攀升。管仲对齐国在政治、经济、军事和文化等多个领域实施了多项重大改革。

为了强化国君的权威，管仲建议国君要牢牢掌握齐国生死大权、贫富贵贱的决定权，并推行"赏罚分明"的政策，即对有功劳的人给予奖赏，对有罪过的人进行惩罚。经过这些改革，齐国的政权更加稳固，经济蓬勃发展，军事力量也得到了加强，逐渐成为诸侯国中经济最繁荣、实力最雄厚的国家，同时为齐桓公称霸天下奠定了坚实的基础。

在当时，黄河下游地区的诸侯国中，能够与齐国相抗衡的只有鲁国、郑国和宋国。如果这三个国家不承认齐桓公的霸主地位，那么齐桓公的霸主地位就难以稳固。因此，在管仲的辅佐下，齐桓公与这三个国家展开了一系列政治和军事较量。

齐桓公看准机会，接连降伏了郑国、鲁国和宋国。到了公元前656年，他带领着齐、宋、陈、卫等七个国家的军队一路南下，抵达了楚国的边境。最终，他们迫使楚国在召陵签订盟约，和解修好，从而遏制了楚军向北扩张的势头。此后，齐桓公又发兵攻打淮夷，淮夷是居住在现在淮河中下游的一个部族，常常与中原的诸侯国交战。在

第二篇　虎啸风生，不屈精神

公元前644年的冬天，齐桓公再次在淮水岸边集结诸侯的军队，打算征讨淮夷。但因为天气寒冷，加上多年的战争让百姓怨声载道，所以最终半途而废。从公元前685年到643年，齐桓公逐渐联合了黄河中游的诸侯国，协助弱小的国家抵抗还处于游牧状态的戎狄的侵犯，这对保护中原的文化起到了非常重要的作用。由于齐桓公这位春秋时期霸主的出现，各国纷纷结盟修好，减少了彼此之间的争斗，这对推动社会进步、安定百姓生活有着不可小觑的贡献。至此，齐桓公的霸业达到了巅峰。

总结

像虎一样威猛称霸、霸气崛起，是一种积极向上、勇往直前的生活态度和精神风貌。它要求我们勇敢地面对挑战，敢于拼搏争先，同时保持自信和尊重他人。只有这样，我们才能在人生的道路上不断前行，从而实现自己的梦想和目标。

猛者超前，展现非凡智谋

虎道点睛

想象一下，在一片茂密的丛林中，有一只虎正悄无声息地穿梭于树影之间。它不急不躁，每一步都踏得沉稳有力，仿佛每一步都经过深思熟虑。这只虎，就是那些在生活中敢于挑战、勇于超越自我的人的化身。他们在面对困难和挑战时，从不退缩，而是像虎捕猎那样，耐心等待最佳时机，然后迅猛出击，一举成功。

猛者超前，不仅是指身体上的勇猛，更重要的是心灵上的坚韧不拔和策略上的深思熟虑。这些人在追求目标的过程中，不仅敢于冒险，更懂得如何运用智慧来规避风险，从而提高成功的概率。他们就像虎一样，能够准确地判断形势，选择最有利的时机和路径，以最小的代价实现最大的收益。

展现非凡智谋，是这些猛者超前的关键所在。他们不仅拥有敏锐的洞察力，能够迅速捕捉到问题的本质和关键信息，同时具备出色的决策能力和执行力。在面对复杂多变的环境时，他们能够迅速调整策略，灵活应对，以确保自己始终处于主动地位。

这样的智谋，并非天生就有，而是需要在不断学习和实践中才能获得的。就像虎在丛林中需要不断磨炼自己的狩猎技巧一样，这些人在生活中也需要不断积累经验，提升自己的能力和智慧。他们善于从失败中吸取教训，从成功中总结经验，不断完善自己，使自己变得更加优秀。

韩信背水一战

韩信原本只是刘邦麾下一个默默无闻的小官，由于萧何的屡次举荐，他才得以被刘邦重用，手握军事大权。

在刘邦与项羽争夺天下的关键时刻，赵王却选择了站在项羽一方，与刘邦为敌。为了平定这一叛乱，韩信与张耳领兵出征赵国。赵王与大将陈余得知消息后，在井陉口这一战略要地集结了号称二十万的大军，意图凭借地理优势，以逸待劳，挫败汉军的攻势。

赵军中有一位智谋过人的将领李左车，他向陈余建议："井陉口道路狭窄，行军缓慢，粮食更易成为行军软肋。若给我三万人马，我率部从小路突袭其粮道，而您则在此坚守不战。不出十日，韩信与张耳必成功擒获。"然而，陈余却是个固守兵法教条的书生，他拒绝了李左车的建议。

韩信得知这一消息后，大喜过望。他率军前进至距井陉口三十里处扎营。半夜时分，他密令两千轻骑兵每人持一面红旗，悄悄绕至赵军后方埋伏，并指示他们待赵军出击后，迅速占领赵军营地，更换旗帜。随后，韩信又派遣一万人马为先锋，背水列阵，这一举动让赵军嘲笑不已，认为韩信不通兵法。

次日清晨，韩信亲率大军攻打井陉口，赵军开门迎战，双方激战正酣。不久，韩信与张耳佯装败退，将部队引向水边的营地。驻扎在水边的汉军见状，立即前来增援，与赵军再次陷入激战。赵军见汉军败退，全军出动，企图一举歼灭汉军。

此时，韩信预先埋伏的两千骑兵突然杀入赵军营地，迅速更换旗帜。赵军久攻汉军不下，正欲回营地休整，却发现营地已插满汉旗，顿时军心大乱，士兵纷纷溃逃。赵军将领虽竭力斩杀逃兵，却无力挽回败局。汉军前后夹击，赵军大败，陈余被杀，赵王被俘。

出其不意，攻其不备

公元前353年，魏国派庞涓带领军队去攻打赵国的都城邯郸。赵国一看情况不妙，赶紧向齐国求救。齐王派了田忌当将军，孙膑当军师，一起去救援赵国。田忌原本想直接冲到邯郸去，但孙膑说："现在魏国的主力都在外面攻打赵国，家里肯定空虚。咱们不如直接去打魏国的都城大梁，这样魏国就一定会回来救家，这样，咱们就能顺便解了赵国的围，还能轻松地等着他们来。"田忌听了孙膑的话，直接攻打魏国，果然魏国撤军回去营救大梁。然后，齐军在庞涓回来的路上，桂陵这个地方埋伏起来，把魏军打了个大败。这就是"围魏救赵"的计策。

公元前349年，魏国和赵国一起攻打韩国，韩国又向齐国发出了求救信号。齐国还是派出了田忌、田婴、田盼三位将军，以及军师孙膑，他们同样用之前那一招，直接去攻打魏国的都城大梁，这样魏国攻打韩国的军队就不得不回来救援了。不过这次，魏国派出了太子申和猛将庞涓，带领十万大军，不仅想打败齐军，还想趁机占领齐国的营地。孙膑想了个办法，让齐军在进入魏国后，第一天造了很多锅灶，像是有很多士兵的样子，第二天就减少一半，第三天就更少了。庞涓追了三天，看到锅灶越来越少，以为齐军士兵逃走了很多，就很高兴，只留下精锐骑兵日夜追赶。

　　孙膑已经算好了庞涓的行军速度，知道他晚上会到达马陵。马陵这条路很窄，两边都是高高的山崖，非常适合埋伏。孙膑让人在马陵的一棵大树上写了几个字："庞涓将死于此树下。"同时，田忌派了一万士兵藏在路边的树林里，约定好看到火光就射箭。庞涓晚上追到马陵，看到那棵树上有字，就让人点火去看。结果他还没看完，齐军就射箭过来了，魏军一下子就乱了。庞涓知道自己上当了，已经没有办法挽回，觉得很羞愧，就自杀了。

总结

　　真正的智者不靠蛮力硬拼，而是运用头脑，巧妙布局。就像下棋一样，每走一步都计算得精准无比，让对手在不知不觉中落入陷阱。智谋让他们以少胜多、以弱胜强，成为战场上的真正主宰。他们懂得利用敌人的弱点，制造假象迷惑对方，让对方摸不清虚实，从而取得最终的胜利。所以，在竞争中，不仅要勇猛，更要学会运用智谋，这样才能立于不败之地，成就非凡事业。

如虎精神，坚定意志

> **虎道点睛**
>
> 虎作为森林之王，它的每一次行动都充满了力量和决心。无论是捕猎还是守护领地，都从不退缩，它的眼神中透露出一种不容置疑的坚定。这种精神，正是我们在面对困难时应该学习的。当我们遭遇挫折，感受到迷茫或疲惫时，虎的精神就像一盏明灯，指引我们前行。它意味着无论遇到多大的困难，我们都不会轻言放弃。就像虎在捕猎时，即使猎物跑得再快，它也会紧追不舍，直到成功追上为止。

坚定意志，是如虎精神的核心。这种不屈不挠的精神，正是我们在追求梦想和目标时所需要的。只有拥有坚定的意志，我们才能在面对挑战时保持冷静，不被一时的困难所击倒。当然，拥有如虎精神和坚定意志并不意味着我们要变得冷酷无情。相反，这种精神应该成为我们关爱他人、勇于担当的动力。当我们看到身边的人遇到困难时，应该展现出如老虎丛林之王的风范，对他人施以援手，给予他们帮助。同时，我们也应该勇于承担责任，不推卸、不逃避，用实际行动去证明自己的价值。

第二篇 虎啸风生，不屈精神

刘裕建宋

刘裕在一个混乱的时代出生，从小就在生活的困苦和挑战中培养出了坚定的意志和远大的梦想。年轻的时候，他果断地选择了从军之路，开启了自己不平凡的军事旅程。

那时候，孙恩领导的农民起义像一场猛烈的风暴，席卷了整个江南地区。刘裕接到命令去平定这场起义，有一次，他只带了几十名士兵前去探查敌人的情况，没想到竟然撞上了数千名叛军。面对如此悬殊的力量，普通人可能早就吓坏了，甚至想逃跑。但刘裕与众不同，他一点也不害怕，眼里只有胜利的信念和燃烧的勇气。他毫不犹豫地拿起大刀，像猛虎一样冲进了敌人的队伍中。他的士兵们也被他的勇敢所激励，都跟着他勇敢地杀敌。然而，战斗是非常残酷的，刘裕的士兵们伤亡很大，他自己也受了重伤。但即使是在这样生死攸关的时刻，刘裕仍然保持着高昂的士气，坚信自己能够打败敌人。

正当战斗形势异常危急之际，刘牢之的儿子刘子敬带领骑兵部队犹如神兵天降，迅速加入战场，与刘裕一起对叛军发起猛烈的反攻。在他们的并肩努力下，叛军最终被击退，还有上千名士兵被俘虏。这场激烈的战斗不仅充分展示了刘裕的勇猛和果敢，更凸显了他在绝境中坚持不懈、永不放弃的坚强决心。

在漫长的战斗岁月里，刘裕积累了丰富的实战经验，同时赢得了士兵们的深深敬佩和拥护。凭借着坚定的决心和强大的军事力量，刘裕在纷乱的时代中逐渐崭露头角，成功击败了多个割据一方的势力，统一了南方地区。最终，他凭借出色的军事指挥才能和卓越的领导能力，建立了刘宋王朝，成为一代开国皇帝。

有志者事竟成

张步是琅琊人，在赤眉、绿林等农民起义军势如破竹之际，他也聚集了几千人，攻下了齐地的几座城池，自称为五威将军，成了那一带的领导者。与此同时，汉朝皇室的后代梁王刘永也看准时机起兵反抗汉朝，为了壮大势力，他和张步联手，还封张步为辅汉大将军、忠节侯。张步在剧县（现在山东寿光）扎下营寨，对刘秀统治的东汉朝廷造成了很大的威胁。

到了公元27年，也就是建武三年的时候，刘秀派了光禄大夫伏隆去劝说张步归顺，想让他当东莱太守。刘永听说伏隆到了剧县，赶紧给张步送了很多礼物，还封他为齐王。最后，张步决定跟着刘永，还把刘秀派来的使者伏隆给杀了。刘秀听说伏隆被杀，非常生气，就派了大将耿弇去攻打张步。

耿弇接到命令后，带着好几万大军猛烈攻打张步的军队。只用了半天，就成功占领了张步的前线阵地祝阿（在现在的山东历城西南），为赢得整场战斗打下了基础。虽然张步一开始输了，但他实力还在，就带着二十万大军开到临淄东门，打算反击。

耿弇看到张步亲自带兵上阵，就渡过淄水，假装逃跑，想引诱张步来追，好找个机会消灭他的主力部队。在激烈的战斗中，耿弇的大腿被箭射中，他怕士兵们看到会影响士气，就偷偷地抽出刀把箭杆砍断，忍着伤痛继续指挥，一直打到天黑才收兵。

第二天早上，耿弇不顾腿上的伤口，又坚持带兵出去打仗。从早上一直打到晚上，终于把张步的军队打得一败涂地。耿弇料到张步逃跑时会手忙脚乱，所以就提前设了埋伏，遇到张步的败兵就狠狠地打，一直追了八九十里地。

第二篇 虎啸风生，不屈精神

过了几天，光武帝刘秀来到临淄，看望和奖励了有功的将士。他在大家面前夸奖耿弇说："以前韩信打下了历下，为汉朝奠定了坚实的基础；现在耿将军打下了祝阿，天下的大事也基本定了，真是有志者事竟成啊！"这话不仅让耿弇更有干劲，也让所有参战的将士都受到了鼓舞，他们继续追击，最后完全平定了张步占领的齐地。

总结

在人生的旅途中，如虎精神和坚定意志是我们最宝贵的财富。这种精神和意志让我们在面对困难时更加勇敢、坚定和自信。无论前方的道路多么崎岖不平，只要我们拥有如虎般的精神和坚定意志，就一定能够克服一切困难，实现自己的梦想和目标。

永不言败，展现虎虎雄风

虎道点睛

在那茂密的森林深处，一只猛虎正静静地潜伏，它的双眼闪烁着对胜利的渴望，那是一种源自内心深处的坚韧与不屈。当猎物出现时，它猛地一跃，展现出惊人的爆发力与无畏的勇气，即便面对再强大的对手，也绝不轻言放弃。这种精神，正是我们在面对生活挑战时，无论前路多么坎坷，都要像虎一样勇往直前，永不言败。

在人生的旅途中，我们都会遇到各种各样的困难和挑战，有时仿佛置身于茫茫大海之中，四周皆是波涛汹涌，看不到希望的灯塔。但正是在这样的时刻，那份永不言败的精神显得尤为重要。它如同一盏明灯，指引着我们穿越黑暗，找到前进的方向。每一次跌倒，都是重新站起来的开始；每一次失败，都是通往成功的垫脚石。只要我们心中有光，脚下就有路，都要像猛虎一样，所向披靡，在任何困境中都能绽放出属于自己的光芒。永不言败，不仅是一种态度，更是一种行动。它要求我们在面对挫折时，不仅要保持内心的坚定，更要付诸实践，用实际行动去证明自己的价值。

第二篇　虎啸风生，不屈精神

逆境成才的王勃

　　王勃从小就非常聪明，六岁时就能写诗，被人称为神童。他写的文章非常华丽，在当时非常有名。遗憾的是，他的仕途并不顺利。

　　刚开始做官时，王勃是朝散郎，做了沛王府的修撰。但因为写了一篇《檄英王鸡》，唐高宗觉得他是在挑拨皇子们的关系，就把他赶出了长安。这对于年轻气盛的王勃来说，是个很大的打击，但他并没有因此意志消沉。

　　离开长安后，王勃到处游历，在大自然中找安慰，同时一直在自我反思。在这个过程中，他的文学水平提高了很多，作品里也多了些深沉和思考。

　　后来，王勃又遇到了麻烦——私自杀了一名官奴。这个事件几乎让他走到了绝境，不仅坐了牢，还被朝廷除了名。

　　在监狱的日子里，王勃沉下心来，回想自己走过的路，他用笔作为武器，表达心里的感受。他的作品里充满了对命运的不服和对美好未来的期待。等他出狱后，就去了交趾看望父亲。经过南昌时，恰逢滕王阁刚刚修建好，都督阎伯屿举办了一场盛大的宴会，请了很多有文化的人来给滕王阁写一篇序。王勃二话不说，当场就拿起笔写了起来，完成了那篇非常有名的《滕王阁序》。

　　这篇文章写得非常有气势，用词华丽，引用了很多历史典故，把滕王阁的美景、历史故事和人生感悟都融合在了一起。特别是那句"落霞与孤鹜齐飞，秋水共长天一色"，成为文学上的经典名句。《滕王阁序》的出世，再次让王勃在文学界大放异彩，也让人们看到了他在困难面前不屈服的精神和出色的文学才能。

　　王勃虽然英年早逝，但他在逆境中不断进步，用作品展现了人间的美好和文学的魅力。他的经历鼓励着后来人在遇到困难时也要坚持走下去，勇敢追求自己的梦想。

王安石变法

北宋的王安石变法，是一场极为重要且具有深远影响的政治改革，它在历史上留下了深刻的烙印。

王安石自幼聪明伶俐，勤奋读书，他对国家在政治、经济、社会等方面的问题都有深刻的理解和独特的观点。他观察到北宋中期社会存在着诸多问题，诸如农民生计艰难、国家财政窘迫等，这让他深感忧虑，并下定决心要改变这一现状。

后来，年轻的宋神宗登基，他满怀壮志，渴望能够有所建树，改变国家的艰难处境。王安石的改革理念和主张得到了宋神宗的认可和支持，于是，一场轰轰烈烈的改革大潮拉开了序幕。

王安石首先从经济层面入手，推行了一系列改革举措。其中，最为关键的便是青苗法。在农作物生长的关键时期，官府会借钱给农民，帮助他们渡过难关，待秋收后再连本带息归还。这一举措旨在减轻农民因高利贷而承受的负担，同时为政府增加了收入来源。然而，在执行过程中，一些地方的官员为了彰显政绩，强制农民借款，结果反而加重了农民的负担，并引发了一系列社会问题。

王安石变法在朝廷里掀起了一场大辩论。司马光带领的保守派强烈反对，他们认为王安石的做法打破了传统的老规矩，会给国家带来灾祸。

尽管遇到了很多困难和压力，但是王安石一直没有放弃自己的改革理想。他不断地改进和完善改革措施，想办法解决问题。但是，因为变法动了很多人的奶酪，加上一些措施在执行时出现了问题，所以

第二篇　虎啸风生，不屈精神

变法遭到了越来越多人的反对和阻止。

慢慢地，宋神宗对变法的看法也变了。在保守派的打压下，他开始对王安石产生疑虑，对变法的支持也不如以前了。最后，王安石不得不辞去首相的职位，离开了朝廷。但是，他的改革想法和精神对后来的时代产生了很大的影响。

虽然王安石变法没有成功，但它确实在一定程度上减轻了北宋的财政压力，增强了国家的军事实力，推动了社会的进步。王安石那种敢于改革、永不言败的精神，值得我们后人学习和尊敬。

总结

我们要有坚持不懈的精神，不管遇到多大的困难和挑战，都不能轻言放弃，就像虎一样。我们要学习它的精神，勇敢面对生活中的各种困难，用自己的努力和坚持去战胜它们，展现出自己的实力和风采。

篇末总结

  在广袤的荒野中，虎不畏惧空旷与寂静，而是将这份孤独转化为内心的力量，默默修炼，等待时机。正如我们在追求梦想的路上，也要学会耐得住寂寞，坚守初心，不为外界所动。

  当虎修炼到一定境界，它们便展现出威猛的气势，称霸一方。这种霸气并非蛮横无理，而是源于强大的实力。在人生的舞台上，我们也要勇于展现自己的实力，用实力说话，让周围的人刮目相看。

  虎之所以能成为百兽之王，不仅因为它们勇猛无畏，更因为它们具备非凡的智慧与谋略。它们懂得观察情况，预判未来，制定出最佳的行动方案。在竞争激烈的社会中，我们也要学会运用智慧，超前布局，才能立于不败之地。

  虎身上还有一种坚定不移的意志。无论遇到多大的困难与挫折，它们都能保持冷静与坚韧，坚持勇往直前。这种精神同样适用于我们，只有拥有坚定的意志，我们才能在人生的道路上不断前行，直至成功。

  无论遭遇多少失败与挫折，我们都要保持信心与勇气，继续前行。只有这样，我们才能像虎一样，绽放出耀眼的光芒，成为人生的赢家。

第三篇
虎威赋能，借势而上

虎，凶猛而强大，有着王者般的风范。在森林中，它迈着坚定的步伐，所到之处皆能引起震动。在我们的人生中，也应该如虎一般，善于借助自身的优势与周围的力量。当我们拥有像虎般的勇猛时，便能以强大的气场为自己赋能。在人生的道路上，我们不能仅仅依靠自身的努力，而要学会借势。就像诸葛亮巧借东风，火攻曹营，打败曹操。我们要善于发现并借助身边的机遇，顺势而为。无论是借助他人的智慧，还是利用时代的潮流，都能让我们如虎添翼，实现自己的梦想。

虎虎生威，智慧借势

虎道点睛

虎的强大是显而易见的，它拥有强壮的身躯，锋利的爪子和尖锐的牙齿，是当之无愧的森林之王。然而，虎的威势不仅仅依靠其与生俱来的强大，更在于它懂得在合适的时机、合适的环境下，巧妙地运用自身的优势，达成威慑与统治的目的。这种智慧的借势之道，是虎在丛林中生存与繁衍的关键，也是我们人类在面对复杂多变的环境时，值得借鉴的策略。

当我们面对困难时，不一定非要凭借一己之力去硬拼。即使自身力量弱小，也可以通过智慧利用借势来达成自己的目的。我们要善于观察周围的环境，寻找可以借助的力量。但我们要明白，借力只是一种手段，不能过度依赖。我们应该在借力的同时，不断提升自己的实力。这样才能在未来的道路上真正立足。就像虎崽不能永远依赖成年虎的威风一样，我们也要努力让自己变得强大。

借他人智慧，孟尝君成功脱险

春秋战国时期，齐国的孟尝君广纳贤才，府上有数千名门客。

有一次，秦王派使者到齐国，邀请孟尝君去秦国担任要职。其实，秦王是想借此破坏齐楚两国的友好关系。孟尝君没怎么细想，就带着众多门客去了咸阳。到了秦国后，他被秦王以礼遇的方式扣留在了宫城里。孟尝君心急如焚，绞尽脑汁寻找逃脱的方法。一番探查后，他得知秦王新宠爱的妃子或许能帮助他，但妃子提出要一件稀世的银狐皮袍作为交换条件。

孟尝君赶紧召集门客商量对策。这时，有个门客站出来说自己可以弄到皮袍。到了晚上，他悄悄潜入秦国国库，成功地把皮袍偷了出来，送给了妃子。妃子得了皮袍，马上向秦王进言，请求释放孟尝君等人。秦王虽不情愿，但碍于宠妃的情面，也只好同意。

孟尝君清楚秦王性情不定，怕他反悔，所以拿到释放文书后，马上带着门客们赶往咸阳关口。可守关士兵以未到鸡鸣时分为由拒绝开门。众人正束手无策的时候，又有一个门客站了出来，他模仿鸡鸣声，竟然引得全城的公鸡都跟着叫了起来。守关士兵没有办法，只好打开城门，让孟尝君他们离开。

秦王得知孟尝君逃走后，十分生气，立刻派兵追赶，但此时孟尝君等人已经安全回到了齐国。这场惊险的逃亡，充分展现了孟尝君的机智。他在危急时刻懂得借助门客的特殊才能，最终成功脱险。在我们的生活里，也常常会遇到各种难题。如果我们能像孟尝君一样，善于借助他人的力量，说不定就能在关键时刻摆脱困境。毕竟一个人的能力是有限的，而众人的力量是无穷的。当我们遇到困难时，不妨多想想身边的人，也许他们的一个点子，就能让我们化险为夷。

冯谖智助孟尝君稳固地位

在春秋战国时期，齐国贵族孟尝君以好客而广为人知，他热衷于结交文人雅士与江湖义士，还邀请他们住在自己家里，共同谋划天下大事。在众多食客中，有个叫冯谖的人，长期住在孟尝君家中，却一直没有什么突出表现。孟尝君虽心存疑惑，但还是以礼相待。

有一天，孟尝君让冯谖去薛地收债。冯谖到了薛地后，竟然把债券都烧了。薛地百姓又惊又喜，对孟尝君的宽宏大量感激涕零。

后来，孟尝君被齐王撤了相国的职位，无奈前往薛地。没想到薛地百姓对他非常热情，这时孟尝君才明白冯谖的良苦用心。冯谖这时候告诉孟尝君说："聪明的人就像机灵的兔子，要有三个藏身之处才能保证安全。您现在只有一个安身之所可不行，我来给您再找两个避难的地方。"

接着，冯谖去了梁国，大力向梁惠王推荐孟尝君，说有孟尝君相助，梁国肯定能国富民强。梁惠王很高兴，马上派人去请孟尝君。但冯谖让孟尝君先别答应，梁国多次派人来请，冯谖都让孟尝君按兵不动。

梁国想请孟尝君的消息传到了齐王的耳朵中，齐王着急了，怕孟尝君去梁国，赶紧派人请孟尝君回齐国继续当相国。这时，冯谖建议孟尝君向齐王提个要求，要齐王把齐国祖传祭器给他，允许他在薛地建祠庙供奉。齐王为了拉拢孟尝君，欣然同意了他的要求。

祠庙建好后，冯谖对孟尝君说："现在您有三个安身的地方了，以后您就可以踏踏实实地过日子，不用再担心了。"原来，冯谖利用各国的政治局势，为孟尝君创造了有利的外部环境。他的做法既体现了高超的智慧，又展现出了善于借势、深谋远虑的一面。通过借势，

第三篇 虎威赋能，借势而上

冯谖给孟尝君铺就了一条安稳的路，让孟尝君在复杂的政治时局中能有三条属于自己的退路。

总结

借势，其实是一种聪明的做法，它告诉我们，遇到困难时，要善于利用身边的有利条件，用小力气办大事。这不是投机取巧，而是要看清形势，灵活应对，借助别人的力量来提升自己的影响力。在人生的道路上，学会这种借势的智慧，能帮助我们避免不必要的麻烦，在复杂的环境中坚定前行，更好地实现自己的价值。

威如猛虎，开启强大征程

虎道点睛

虎威，是一种极具震慑力的存在。虎行走于山林之间，威风凛凛，霸气十足。那王者般的气势，仿佛能让整个世界为之臣服。像虎一样有威力，便是要懂得借助身边的力量，拥有虎般的威力。"弱者坐待时机，强者制造时机。"当我们自身力量尚弱时，要善于发现外在的强大助力，并让其助自己一臂之力。就像虎的威严能让百兽震恐一样，我们也可以借助他人的优势，将困难打倒。

像虎一样有威力，并不是盲目地依附虎的力量，而是要学习虎的果敢。在面对困境时，我们要有虎般的勇气，敢于出击。同时，我们可以借助周围强大的资源，为自己的发展创造条件。在这个过程中，我们要不断提升自己的实力。不能仅依赖外在的力量，而是要通过自身的努力，将借来的"虎威"真正转化为自己的内在力量。只有这样，我们才能在人生的道路上稳步前行，向着更强大的目标奋力前行。

孙策借势江东成就霸业

东汉末年，吴郡富春是个风景优美的地方，这里诞生了一个名叫孙策的人。孙策的父亲孙坚是一名大英雄，只可惜在和刘表的一场激烈战斗中不幸身亡。孙策从小就志向远大，他渴望继承父亲的遗志，在这乱世之中闯出一番伟大的事业。但当时的他实力还很弱，仅靠自己根本没有办法在那个混乱的时代立足。

这时候，有个叫袁术的诸侯出现了，他手握重兵，盘踞的地带也不小。孙策琢磨了一番后，决定先投靠袁术。在袁术手下，孙策凭借自己的聪明才智，多次立下大功。每逢战事，他总是身先士卒，带领手下将士奋勇冲锋。

有一次，袁术派孙策去攻打庐江。孙策带着军队拼命杀敌，最终成功拿下了庐江。这场大仗让袁术对孙策另眼相看，孙策在袁术阵营中的地位也随之逐步提升。

不过，孙策可不是那种愿意一直屈于人下的人。他心里清楚，一直跟着袁术，自己永远也没办法出人头地。于是，他找了个理由，说要去帮袁术平定江东，还向袁术借了一些兵马。袁术觉得江东的情况很复杂，而孙策又很能打仗，说不定能帮自己开拓新地盘，就同意了孙策的请求。

孙策带着这些兵马，果断地向东渡过长江。一路上，他不断地打仗，打败了很多割据一方的势力，像刘繇、严白虎等人。每次打仗，孙策都冲在前面为士兵们鼓舞士气。而且他的军队纪律特别好，从来不欺负老百姓，所以老百姓都很喜欢他，也愿意支持他。

就这样，孙策在江东逐渐站稳了脚跟。他开始建立自己的地盘，招揽有才能的人，发展经济。以江东为起点，孙策一步一步地扩大自己的势力，为后来东吴政权的建立奠定了坚实的基础。孙策的故事告诉我们，有时候仅靠自己确实不行，要学会借助身边的资源和别人的力量。但这也不是说要一直依赖别人，而是要像孙策那样，借助别人的势力来发展自己，最终成就一番事业。

借名扬威，刘备开创蜀汉传奇

刘备，是大家都十分熟悉的一位三国时期的英雄豪杰。他来自涿郡涿县，虽自称中山靖王之后，可家族早已没落，辉煌不再。但刘备心怀壮志，不甘平凡，渴望在乱世之中成就一番大事业。

刘备深知，仅凭一己之力，难以在这个混乱的时代立足，更无法实现他复兴汉室的宏伟目标。于是，他巧妙地借助汉室皇叔这一身份，将其作为自己扬名立威的重要资本。

关羽，本是武艺高强的义士。当他听闻刘备是汉室宗亲，且有着兴复汉室的远大志向时，毅然决定追随刘备，共同为恢复汉室而拼搏。张飞，同样是勇猛无比的豪杰。他被刘备的仁德以及"汉室皇叔"的身份所吸引，与关羽一起，和刘备结为异姓兄弟。

凭借汉室皇叔的身份，刘备吸引了众多忠义之士前来投奔。赵云，这位忠诚勇敢的将领，正是被刘备的仁德所打动，同时看中了汉室皇叔这一身份所包含的正统意义，决定为刘备效力，共同为复兴汉室而奋斗。

在选谋士的时候，刘备同样展现出了非凡的智慧。他三顾茅庐，以真诚打动了诸葛亮。诸葛亮决定出山相助，为刘备出谋划策。庞统也是被刘备的潜力和汉室皇叔的身份吸引，投身于刘备的麾下。就这样，刘备凭借汉室皇叔的身份吸引了一大批得力的手下。

在之后的日子里，刘备带着他的队伍四处征战。他们以兴复汉室

第三篇　虎威赋能，借势而上

为使命，与曹操、孙权等强大的诸侯抗衡。尽管曹操挟天子以令诸侯，势力庞大，但刘备凭借着汉室皇叔之身份，在道义上占据了优势，获得了许多心系汉室的百姓和士人的支持。

刘备深刻认识到民心的重大意义，他始终心系百姓疾苦，由此赢得了百姓的衷心爱戴。在与曹军的激烈交锋中，尽管双方实力相差巨大，然而刘备凭借众人的鼎力支持，一次次成功摆脱险境。

经过多年的努力，刘备以汉室皇叔之名，借名扬威，终于在蜀地建立了蜀汉政权，成为一方霸主。

总结

"好风凭借力，送我上青云。"这句诗形象地传达出借助外力的重要性。在生活中，我们每个人的能力都是有限的，人要学会借助外部的力量。当我们独自面对挑战时，可能会感到势单力薄、困难重重。这个时候，若能巧妙地借助外部的强大力量，就如同人借虎之威风，瞬间拥有了突破困境的能力。

霸气十足，彰显非凡气魄

虎道点睛

"最可怕的敌人，就是没有坚强的信念。"罗曼·罗兰的这句话强调了信念的重要性。虎完美地诠释了这一特质。虎在山林中拥有绝对的统治力，它的王者地位并非偶然。虎有着强大的实力，它知道自己的优势所在，因此在森林里无所畏惧。人也应该学习虎的这种自信。敢于称王不是盲目自大，而是基于对自身能力的正确认识。当我们拥有了坚强的信念，就会义无反顾，充满斗志地前行。

像虎一样霸气，敢于彰显自己的强悍，不是为了满足个人的虚荣，而是要以王者的姿态去引领团队。在面对困难时，以坚定的决心去克服。敢于彰显强悍的人，懂得在困境中寻找机遇，在挫折中磨砺自己。他们以非凡的气魄去拥抱生活中的不确定性。因为他们知道，敢于彰显强悍的人，就是要像虎一样，凭借着坚强的信念，强大的实力，在人生的舞台上展现出非凡的气魄，勇敢地去追求属于自己的辉煌。

第三篇 虎威赋能，借势而上

从奴隶到帝王，石勒的称王之路

奴隶和帝王，大家都觉得两者之间的地位千差万别，两个阶层之间隔着无法跨越的鸿沟。然而，在西晋末年那个乱世之中，却有一个人从奴隶的地位一路崛起，登上了帝王宝座，他就是石勒。

石勒出身低微，曾是一名备受压迫的奴隶。在那个黑暗的时代，社会阶层分明，奴隶仿佛处于深渊之底，与高高在上的王者之位有着难以想象的距离。然而，石勒并未被命运的枷锁束缚。

西晋王朝统治腐败，民不聊生，各地起义不断。石勒虽身陷奴隶之困境，却没有被苦难打倒。他在心底暗暗积蓄力量，渴望改变自己的命运。

终于，机会来临，石勒果断投身于反抗的浪潮之中。他拉起一支由贫苦百姓组成的队伍，开始四处征战。在战场上，他总是冲在最前面，用自己的勇猛激励着士兵们奋勇杀敌。他的队伍纪律严明，对百姓关爱有加，赢得了民众的广泛支持。

随着一次次的胜利，石勒的势力不断壮大。他凭借卓越的领导才能和军事智慧，在乱世中崭露头角。他不再满足于跟随他人，而是有了更大的野心。

终于，在公元319年，石勒毅然决定称王，建立后赵政权。这一决定，展现出了他无与伦比的气魄。他敢于挑战传统的阶层观念，打破常规，从一个曾经的奴隶一跃成为王者。

称王之后，石勒积极推行一系列政策。他减轻百姓的赋税负担，鼓励农业生产，重视文化教育的发展。他以王者的智慧，努力治理国家，带领后赵一步步走向繁荣。

石勒的故事告诉我们，只要有勇气、有决心，敢于挑战命运，即使出身卑微，也能成就非凡的事业。

勇于称王，陈胜、吴广非凡之路

"燕雀安知鸿鹄之志哉！"它出自陈胜之口。在公元前209年的夏天，这句话就像一颗扔进历史长河的石头，激起了层层涟漪。在那个时候，中华大地动荡不安，秦二世胡亥的统治使得百姓生活苦不堪言。谁也没有想到，打破这个困局的是两位十分普通的农民，他们就是陈胜和吴广。

陈胜是阳城的农民，吴广是阳夏的农民。这一年，他们和九百多名农民一起被秦朝征召，要去渔阳守边疆。没想到，大泽乡突然下了一场暴雨，把他们的路挡住了。秦朝的法律严苛，耽误朝廷工程的结果只有一个，那就是以死谢罪。在这生死关头，陈胜和吴广决定反抗。他们知道，只有起义，才能改变自己和大家的命运。

那时候的人们都比较迷信，为了号召众人造反，他们决定利用这一点，弄个"鱼腹藏书"的事。第二天，做饭的人去买鱼回来，把一条鲤鱼剖开，居然在鱼肚子里发现一块绸子，上面写着"陈胜王"三个字。这事儿一下子就传开了，大家都认为陈胜是天命之子，心里也有了反抗朝廷的念头。

随着日子一天天地过去，机会终于来了。有一天，陈胜和吴广看到押送他们的军官喝得醉醺醺的，便心生一计。他们故意提出要回家，这一举动瞬间激怒了军官。军官操起鞭子对着吴广就是一顿猛抽。抽完觉得还不解气，又拔出宝剑，作势要杀吴广。众人见状，立刻一拥而上。就在这个混乱的时候，陈胜瞅准时机，果断地把军官给杀了。杀了军官后，陈胜和吴广商量了一下，决定立刻起义。他们迅速安排人手去山上砍树木、弄断竹竿，把这些作为起义的武器。接着,他们又用泥土堆起一个高台,作为起义誓师的地方。最后,他们制作了一面绣着"楚"字的大旗,正式拉响了起义的号角。

起义的消息很快传开,附近的老百姓没有武器,纷纷拿着各种农具来加入起义军,队伍一下子就壮大了。陈胜和吴广带着起义军一路猛冲,很快就占领了陈县。在陈县,陈胜自己称王,建立了"张楚"政权。

虽然陈胜的起义最后失败了,但是他们敢于称王的勇气,让很多人看到了希望,也激发了大家反抗秦朝统治的斗志。

🎓 总结

敢于彰显强悍,是一种令人钦佩的伟大品质,值得我们每个人去学习。那些敢于彰显强悍的人,都有着常人难以企及的勇气。他们勇敢地向权威发起挑战,不被既定的规则所束缚。因为他们明白,安于现状只会停滞不前。为了心中的宏伟目标,他们义无反顾,哪怕付出巨大的代价也在所不惜。他们可能会面临重重困难,但他们从不退缩。这种品质激励着我们,在生活中,我们也应该努力突破自我,勇敢地去追求自己的梦想。

无所畏惧，挑战未知世界

虎道点睛

"猛虎不怯敌"，这句诗尽显虎的无所畏惧。虎，在动物世界中以其勇猛无畏而闻名。它们在山林中无所畏惧，敢于挑战未知的世界。它们勇敢无畏，不会因为可能遭遇的危险就退缩。人亦应如此，要有虎的胆魄。当面对未知的挑战时，我们不应被恐惧所束缚，而应勇敢地迈出自己的脚步。

无论是茂密的丛林还是险峻的山岭，虎都能自如地生存。它不断适应着环境的变化，在未知中寻找生存的机遇。人在面对未知世界时，也应学会适应变化。世界在不断发展，我们不能总是停留在舒适区，而要像虎一样，勇敢地走进未知，积极地适应变化。在挑战未知的过程中，我们会遇到各种困难，但正是挑战未知的这些经历让我们变得更加成熟。

张骞不畏困难，开辟丝绸之路

在汉朝时期，汉武帝一直想着怎样对付匈奴。听说有个叫月氏的

第三篇 虎威赋能，借势而上

国家特别恨匈奴，汉武帝就想和月氏联合起来。这时候，张骞挺身而出。他带着一百多名勇士，还有一个名叫堂邑父的匈奴人，踏上了寻找月氏国的征程。公元前139年，他们从陇西出发，可没走几天，就被匈奴兵给围住了，成了俘虏，这一困就是十多年。

在被囚禁的日子里，就剩张骞和堂邑父互相照应着。时间长了，他们和匈奴人熟悉了起来，匈奴人不再紧盯着他们。有一天，他们乘机带着干粮，骑着快马逃走，继续往西去找月氏国。走了很久，不知不觉中，他们闯进了大宛国。大宛国在月氏国北边，有快马、葡萄和苜蓿。大宛王早就听说东方有个很富有的国家，所以对张骞他们特别欢迎。

在大宛王的帮助下，张骞他们找到了月氏国。可月氏国的国王不想再跟匈奴打仗了，张骞怎么劝说都没用，人家就只是礼貌地招待他们。没办法，他们在月氏国待了一年多后只好回国。没想到在回去的路上又被匈奴抓住了。后来匈奴内乱，他们才逃了回来。

张骞回来后跟汉武帝说，可以从蜀地出发，绕过匈奴，途经身毒（今印度）到大夏。汉武帝十分高兴，又把这个任务交给了张骞。这次张骞把人分成四队，结果四队都在路上遇到阻碍，最终未能成行。

后来，匈奴被汉朝打败。汉武帝把握时机，再次派遣张骞出使西域。公元前119年，张骞带着很多礼物出发了。他到达乌孙国后，向乌孙王提议两国联合起来共同对付匈奴，但乌孙王拿不定主意。张骞只好打发副手去联络其他国家，自己则带着乌孙使者返回汉朝。一年后，张骞离世。又过了几年，那些副手们带着各国使者纷纷归来。汉武帝见此情景，果断决定在西域设置郡，并派遣军队守卫边疆。自此，汉朝与西域各国的关系越发友好。

张骞无所畏惧，数次勇敢地闯入从未涉足的西域，成功开辟了通往西域的道路，极大地促进了中原与西域的交流，这条道路后来便被称为丝绸之路。他以无畏的勇气挑战未知世界，为后人留下了宝贵的财富。

鉴真高僧勇敢东渡

唐朝时期，国家经济蓬勃发展，文化也是一片繁荣景象，其中佛教更是如日中天。那时候，扬州有个大明寺，大明寺里面有个高僧叫鉴真。鉴真从小就对佛法特别感兴趣，十四岁的时候就出家了。他到处去游历，拜访了众多声名远扬的名师，不断汲取佛法的智慧。在名师的教导下，鉴真勤奋好学，很快就学有所成，渐渐地，他在佛教界崭露头角。

公元742年，鉴真已成为一位德高望重的高僧。他门下有三十多位弟子，在当时也很有名气。鉴真不仅建造了许多寺院和佛塔，还撰写了三部大藏经。他声名远播，不仅在国内如雷贯耳，就连远方的日本也对他仰慕不已。日本的佛教界很想获得新的佛法智慧，就派了荣睿和普照两个僧人来到唐朝，诚挚地邀请鉴真前往日本传法。

面对这份来自远方的盛情邀请，鉴真没有丝毫的犹豫。虽然那时候唐朝海禁很严，海上航行十分危险，但鉴真还是决定东渡传法，尽管他已是五十五岁高龄且身体不佳。弟子们被他的决心感动，纷纷表示要一同前往。然而，在接下来的五年里，由于唐朝海禁严格以及海上恶劣的环境，鉴真的东渡之路前四次都以失败告终。

公元748年，六十多岁的鉴真开启第五次东渡，从扬州出发后在舟山遭遇风暴，又被飓风袭击，最终漂流到海南岛。在这个过程中，日本僧人荣睿病故，鉴真也因劳累过度，突发失明，后来他的得意弟子祥彦又病亡。虽然第五次东渡依旧没有成功，而且途中困难重重，但这些都没能阻止鉴真的脚步。

第三篇 虎威赋能，借势而上

公元753年，六十六岁的鉴真第六次东渡，这次因为准备充分，得以顺利抵达日本。鉴真受到日本人民的热烈欢迎，天皇请他传授戒法，并封他为传灯大法师。鉴真历经十多年，克服重重困难，最终完成东渡使命。

鉴真的东渡传法之路虽然充满了危险，但他始终无所畏惧，勇敢地挑战未知的世界。他的故事深刻地告诉我们：只要心中有坚定的信念，敢于挑战未知区域，就一定能够跨越重重困难，实现自己的梦想。

总结

无所畏惧，就是要有一股冲劲。生活中，我们不能总是待在熟悉的地方，要勇敢地去挑战未知的世界。不要害怕失败，因为只有不断尝试，才能发现新的可能。当我们面对未知的情况时，不要退缩，大胆地往前走。挑战未知的世界，能让我们看到不一样的风景，学到更多的东西。所以，请无所畏惧地去探索那些从未去过的地方，为自己的人生增添更多的色彩。

立威造势，成就辉煌人生

虎道点睛

虎，百兽之王，威风凛凛。在丛林中，虎一出现，其他动物无不退避三舍。这就是威，一种让人敬畏的力量。虎善于利用自己的威势来统治领地、获取食物。它的一声怒吼，能让整个山林为之震动。在人生中，我们也应学会立威造势。当我们拥有一定的优势时，要敢于展现出来，如同虎展示自己的威严一样。借助这种威势，为自己创造更多的机会。

在生活中，我们不仅可以立自己的威，也可借他人的势。充分利用周边的有利条件，为自己助力。与此同时，我们也要不断提升自己的实力，让自己拥有真正的"威"。当我们拥有足够的威势时，就能在竞争激烈的社会中脱颖而出。以坚定的信念和果敢的行动，借助这股威势去开拓未来，成就自己。

第三篇　虎威赋能，借势而上

吕不韦借势而起的传奇人生

在战国那个英雄辈出的时代，普通人也有机会靠智慧改变命运。吕不韦就是这样一个人。

吕不韦原本只是一个普通的商人，但他善于观察市场，捕捉商机，通过自己的努力积累了丰厚的财富。然而，他并不满足于现状，渴望在更大的舞台上展现自己的才能。

一次偶然的机会，吕不韦在赵国都城邯郸遇到了秦国质子异人。异人虽然身处异国他乡，但他身上流淌着秦国贵族的血液，有着特殊的身份。吕不韦敏锐地意识到，异人是一个可以借势造势的"奇货"，如果能够帮助异人回到秦国并登上王位，那么自己就可以获得巨大的政治利益。

于是，吕不韦开始精心策划，他不惜倾尽所有，甚至将自己的爱妾送给异人。同时，吕不韦四处奔走，结交权贵，为异人回国铺路。在吕不韦的不懈努力下，异人终于成功地回到了秦国，并顺利登上了王位。为了报答吕不韦的恩情，新王赐予了他高官厚禄，吕不韦也因此一跃成为秦国的丞相，实现了从商人到政治家的华丽转身。

然而，吕不韦并没有因此而满足。他深知，要想在政坛上站稳脚跟，就必须拥有更多的支持。于是，他开始广招宾客，礼贤下士，门下很快便聚集了一批能人异士。短短的时间，他的门下便聚集了超过三千名的门客。很快，他组织门客著书立说，创作了传世之作《吕氏春秋》。

但是，命运总是充满了变数。吕不韦因卷入一场宫廷政变而受到牵连，最终被贬为庶民。吕不韦深知秦王嬴政的手段，他日后肯定会遭到更严重的惩治，因此喝下毒酒，自杀身亡，结束了自己传奇的一生。

吕不韦的人生已经足够精彩，他借助异人，实现了从商人到政治家的飞跃。他的故事告诉我们，在人生的道路上，我们也要学会借势造势，善于利用身边的资源，只有这样，我们才能在复杂多变的社会中立足，创造出属于自己的辉煌人生。

张仪借势破六国合纵

在战国的时候，有个叫张仪的人。他家里很穷，但是特别聪明，还很爱学习。早年，他和苏秦一同在鬼谷子那里求学，学到了不少本事。张仪曾想去楚国干一番大事，谁知道被楚王无端怀疑偷了和氏璧，惨遭毒打。但张仪依然坚信凭借自己的聪明才智，一定能出人头地。

秦惠文王九年，张仪靠着出众的才华，得到了秦王的赏识，当上了秦国的丞相。那时候，各个诸侯国在苏秦的劝说下组成了合纵联盟，一起对抗秦国。秦王很担心，张仪却很有信心地说，那些合纵的国家就像一盘散沙，这件事交给他来处理就行。

为了打破合纵，张仪瞄准了自己的老家魏国。他和嬴华打下魏国蒲阳，接着劝秦王归还蒲阳，想以此换来更大好处。随后张仪游说魏王，说秦王归还蒲阳是好意，魏国要懂得知恩图报。魏王便把十五个县给了秦国。为了彻底拉拢魏国，张仪假装和秦王产生嫌隙，并前往魏国担任要职。他趁机劝魏王背叛合纵，投入秦国的怀抱。

后来，张仪又去了楚国。他以前在楚国遭受过委屈，心里一直有气。他对楚王说，如果楚国解除和齐国的盟约，秦国就把商于六百里的土地送给楚国。楚王不听大臣的劝告，马上派人去和齐国断交，还派人跟着张仪回秦国办土地交接的事。张仪回国后就装病，故意拖延时间。楚王以为秦国觉得楚国和齐国断交不彻底，又派人去骂齐王。齐王很生气，转身和秦国结盟了。等张仪"病好"后，却告诉楚国使者只有六里地赠给楚国。楚王大怒，派兵攻打秦国，结果大败而归。

秦国想用土地交换楚国的黔中之地，楚王一心复仇，提出以交出张仪为条件。张仪说服秦王后前往楚国，他先给楚王的宠臣靳尚和宠妾郑袖送上礼物，赢得他们的支持。在他们的劝说下，楚王觉得张仪可以为自己所用，于是放了他。张仪趁机劝说楚王退出联盟，楚王无奈答应。

接着，张仪又去了齐、燕、韩、赵等国，凭借着自己的口才，成功地瓦解了六国联盟。张仪借助秦国的强大威势，成就了自己辉煌的人生，也为秦国的统一大业做出了重要的贡献。

总结

生活中，我们常常面临各种挑战，借威造势便是一种智慧的选择。借威并不是依赖他人，而是善于发现并利用周围的有利条件。当我们处于困境时，可以借助他人的经验与力量，为自己打开局面。同时，借势也不是盲目跟风，而是要准确把握时机，顺势而为。通过借威造势，我们能够以更小的成本获得更大的成功。

篇末总结

在人生的道路上，我们可以学会智慧地借势，利用身边的资源，提升自己的影响力和实力。

"虎威"不仅指外在的力量和资源，更包括内在的信念和勇气。当我们拥有坚定的信念和足够的勇气，便能借助身边的一切有利条件，勇往直前，不断突破自我，实现更大的成功。

在人生的舞台上，敢于彰显强悍的人往往具备非凡的气魄和领导力。他们不仅拥有强大的实力，更敢于展现自己的风采，引领他人前进。这种气魄不是狂妄自大，而是源于内心的自信和对他人的责任感。敢于彰显强悍的人，就是敢于担当，敢于创造属于自己的辉煌。

拥有虎威赋能的人，往往无所畏惧，敢于挑战未知的世界。他们不会被困难和挫折所吓倒，而是会勇敢地面对挑战，寻找解决问题的方法。这种勇气和决心是成功的关键，也是我们在人生道路上不断前行的动力源泉。

拥有了敢于彰显强悍、无所畏惧等品质，我们可以通过借威造势，成就自己的辉煌人生。这种辉煌不是短暂的荣耀，而是经过长期努力和坚持后所取得的成就。当我们站在人生的巅峰回望过去，会发现正是这些品质和经历塑造了现在的自己，也让我们更加珍惜未来的每一个机会和每一次挑战。

第四篇
智驭风云，虎谋天下

　　作为森林之王，虎能够统领森林的天下不是纯靠蛮力的，其中也有很多生存的大智慧。虎从来都拥有着广阔的视野和敏锐的洞察力，能够应对森林里各种各样的挑战。作为"王"，虎还拥有极强的统治能力，能够凭实力守住自己至高无上的地位，这就是森林之王的"智驭"。

广阔视野，敏锐洞察

虎道点睛

虎，作为食物链顶端的王者，有着超强的洞察力和无比广阔的视野，所以虎可以成为森林之王。我们要站在更高的视角来审视问题，不被眼前的小利所迷惑，而要有长远的规划和目标。不仅如此，在生活和工作中，我们还要培养细致入微的观察力和分析力，从细节中发现问题，从变化中把握机会。

我们要学会从宏观的角度去思考问题，不被眼前的困境所限制；同时，要锻炼自己的观察和分析能力，从复杂多变的环境中捕捉到关键信息，做出明智的决策。

除此之外，虎之道告诉我们，一定要耐心地等待时机，不要因一时的急躁而错失良机。在快节奏的现代生活中，保持冷静和耐心，等待最佳时机，往往能够取得更好的成果。

总之，虎之道对当代成年人而言，是一种宝贵的启示，它教导我们如何以更广阔的视野和更敏锐的洞察力去应对生活中的各种挑战。

第四篇 智驭风云，虎谋天下

赵充国平叛

　　西汉时期，有一位名叫赵充国的老将军，他不仅武艺高强，还有着一颗善于洞察、深思熟虑的心。面对西北边疆的复杂局势，他没有被表面的战乱所迷惑，而是凭借敏锐的洞察力，提出了一个既智慧又长远的策略——"屯田戍边"。

　　那时候，西汉的西北边疆并不太平，西羌人时常侵扰边境，让朝廷头疼不已。很多人主张用武力镇压，但赵充国却有不同的看法。他认为，单纯的军事征伐只能治标不治本，无法从根本上解决边疆问题。于是，他提出了一个大胆的想法：让士兵们在边疆屯田，既解决了军队的粮食问题，又能促进当地的经济发展，实现边疆的长治久安。

　　这个想法在朝廷里引起了不小的争议。有人质疑它的可行性，认为这样做会分散兵力，降低战斗力。但赵充国却胸有成竹，他耐心地分析了屯田的种种好处，从经济、军事到政治等多方面进行了全面的考量。最终，他的坚持和智慧赢得了皇帝的认可，屯田戍边的策略得以实施。

　　赵充国的敏锐洞察力不仅体现在战略决策上，更体现在他的实战指挥中。有一次，他率领军队渡过黄河，遇到了羌人的小股部队。士兵们摩拳擦掌，准备一举歼灭敌人，但赵充国却冷静地制止了他们。他说："我军长途跋涉，不可轻敌。如果盲目追击，很可能会落入敌人的陷阱。"很显然，他的判断是正确的。羌人果然在前方设下了埋伏，幸好赵充国及时制止了追击，才避免了不必要的损失。

　　在平叛羌人入侵的过程中，赵充国更是展现出了他卓越的洞察力和战略眼光。他深知，羌人虽然勇猛，但内部并不团结。于是，他采取了招抚与打击相结合的策略，分化瓦解了羌人的势力，最终成功地平定了叛乱，安定了西北边疆。

范蠡三至千金

在古代中国，有一个名叫范蠡的人，他不仅是一位杰出的政治家，更是一位拥有敏锐洞察力的商业奇才。他的经历，生动地诠释了敏锐洞察力对于人生成功的重要性。

范蠡曾辅佐越王勾践多年，共同经历了无数的艰难险阻，最终成功打败了强大的吴国。然而，当胜利的果实摆在眼前时，范蠡却敏锐地察觉到了一丝不安。他深知勾践的为人，可以共患难，却难以同富贵。于是，在功成名就之际，范蠡毅然决然地选择了辞官归隐，带着家人远离了权力的旋涡。

范蠡的敏锐洞察力不仅体现在对人和事的洞察上，更体现在对市场经济的深刻理解上。他看到了商机的无限可能，决定投身商海。在齐国，他隐姓埋名，以耕种为生，凭借自己的勤劳和智慧，很快便积累了数十万的财富。然而，当齐人邀请他出任卿相时，范蠡再次展现出了他的敏锐洞察力。他深知权力背后的风险，于是毅然拒绝了这份荣耀，将家产分给朋友和邻里，悄悄离开了齐国。

范蠡来到了定陶，一个四通八达的商业枢纽。在这里，他再次展现出了自己的商业天赋。他亲自耕种、养殖，同时敏锐地捕捉市场商机，并进行大规模的粮食贸易，赚取了丰厚的利润。他的商业活动不仅限于粮食，还涉及畜牧业和商业贸易等多个领域。每一次决策，都体现了他对市场动态的精准把握和对商机的敏锐洞察。

范蠡的成功并非偶然，而是他敏锐洞察和辛勤努力的必然结果。他总结出了十八条经商理财的经验，每一条都充满了智慧和哲理。他

第四篇 智驭风云，虎谋天下

强调勤劳致富、艰苦创业的重要性，同时提醒人们要谨慎行事、和气生财。这些经验不仅在当时具有指导意义，对于今天的我们来说，同样具有深远的启示。

🎓 总结

　　我们要有创新的思维，要敢于打破旧有的框架，勇于尝试新的方法。在当代社会，这种视野和思维尤为重要，因为世界在不断变化，只有不断适应和创新，才能获得最后的成功。我们在面对挑战时，不要急于求成，而应耐心等待，寻找最有利的时机和条件，一击即中。所以，我们一定要让自己的视野更加广阔，时刻训练自己的洞察力，让自己和猛虎一样，立于不败之地。

变通制胜，灵活应对挑战

虎道点睛

虎在捕猎时会根据猎物的不同特点采取不同的策略。它们不会固守一种捕猎方式，而是根据实际情况灵活调整，这种变通能力使得它们在复杂多变的环境中依然能够成功捕食。同样，我们在生活和工作中也应该学会根据情况的变化灵活调整自己的策略和方法，而不是一成不变地坚持过去的做法。

面对生存挑战时，虎展现出的变通和灵活性，是我们在现代社会中应对各种挑战时应学习的重要品质。当遇到难以解决的问题时，不要盲目硬碰硬，其实我们可以暂时退一步，重新审视问题，寻找更合适的解决办法。不仅如此，在现代快节奏的社会中，保持冷静的头脑和足够的耐心，能够帮助我们更加清晰地分析问题，从而做出更加合理的决策。

乐毅和田单

战国时期，有两位了不起的将军，乐毅和田单，他们各自为不同的国家效力,都是打仗布阵的高手。有一次,田单带领的齐国军队和乐毅带领的燕国军队,在即墨这个地方杠上了。乐毅把田单困在城里,但为了不造成太多伤亡,他选择围而不攻。田单也是个难啃的硬骨头,和士兵们同甘共苦,一起坚守。

就这样,三年过去了,田单这边开始吃不消了。就在这时,燕国的国君驾崩,新国君即位。田单一看,机会来了!他先派人去燕国散播谣言,说乐毅的坏话。新国君一听,啥也没问,就把乐毅的官职给撤了。乐毅一看形势不妙,脚底抹油,跑到赵国避难去了。

田单一计得成,又生一计。他让人去燕军里传话:"即墨人最怕鼻子被割和祖坟被挖,如果用这两种方式一定会军心大乱。"田单为啥这么说呢?因为他看出新上任的燕军将领是个没脑子的人。果然,燕军将领一听,立马派人去把投降的齐人鼻子割掉,并挖开即墨人的祖坟。即墨的军民一看,肺都气炸了,发誓要跟燕军拼个你死我活。这样一来,齐军的士气反而高涨了。

田单一看时机成熟,就开始假装投降。燕军将领一看这两招管用,高兴得都忘了设防。田单趁机让士兵们在牛角上绑刀,牛尾上绑鞭炮,再用彩绸把牛包起来。等齐军靠近燕军的时候,田单一声令下,鞭炮一响,牛吓得跟疯了一样冲向燕军。燕军一看这阵势,吓得四散奔逃。

就这样,田单靠着灵活应变,一步步把燕军引进了自己设计的陷阱,不仅让齐军转危为安,还赢得了战争的胜利。而那个新即位的燕王和那个没脑子的将领,因为轻信谣言,不动脑筋,最后只能吞下失败的苦果。

赵武灵王胡服骑射

战国时期,赵国曾经是一个弱小的国家,经常被其他大国欺负。

但自从赵武灵王继位后，赵国就迎来了一场前所未有的变革，这场变革让赵国从一个弱国变成了强国，这一切都源于赵武灵王的变通思维。

赵武灵王是个有远见卓识的国君，他发现赵国的百姓穿着长袍大褂，无论是劳作还是打仗都非常不方便。而北方的胡人则穿着短衣窄袖，骑马射箭十分灵活。于是，赵武灵王心生一计，决定向胡人学习，让赵国也强大起来。

赵武灵王的想法一开始并没有得到大臣们的支持，很多人认为这样做破坏了祖先的传统，不符合礼仪。但赵武灵王并没有因此而放弃，他坚信自己的做法是对的，于是开始一步步地实施计划。

首先，赵武灵王自己穿上了胡服，然后亲自去游说朝中重臣、自己的叔父公子成。他告诉公子成，衣服和礼仪都是为了方便人们做事而制定的，应该根据实际情况来制定。现在赵国需要一支强大的军队来抵御外敌，而学习胡人的穿衣和骑马射箭就是最快的方式。

公子成一开始并不同意，认为赵武灵王是在破坏传统。但赵武灵王并没有放弃，他亲自来到公子成家，耐心地解释自己的想法和目的。最终，公子成被赵武灵王的诚意和远见所打动，同意穿上胡服。

有了公子成的支持，赵武灵王更加坚定了自己的信心。他正式发布诏令，要求赵国百姓都改穿胡服，学习骑马射箭。这一举措迅速在赵国推行开来，上至王侯贵族，下至平民百姓，都积极响应赵武灵王的号召。

没过多久，赵国的军队就开始变得兵强马壮，国力大增。赵武灵王趁机亲率军队攻打中山国，中山国毫无抵挡之力，只能献城求和。之后，赵国又多次攻打中山国，最终将其彻底击溃。此外，赵国还向北攻打燕、代，向西攻取了云中、九原的土地，成为战国七雄中的强国之一。

总结

　　学会变通是我们在现代社会中生存和发展的重要技能。它要求我们具备敏锐的观察力、灵活的思维能力和果断的行动力。通过持续的学习和实践，我们可以提高自己的变通能力，从而在各种挑战中取得成功。

　　面对挑战时，耐心和坚持同样重要。在现代社会，我们也应该具备这样的精神，在面对困难时不轻言放弃，而是要持之以恒，最终必能取得成功。

借力管理,展现生存大智慧

虎道点睛

在自然界中,虎不会盲目地追逐猎物,而是会利用地形、风向等环境因素来隐藏自己,等待最佳时机发动攻击。这种策略体现了"借力"的智慧,即利用外部条件来增强自身的优势。在人类社会中,我们同样可以借鉴这一策略,通过观察和利用地形、环境、时机等外部条件,借助身边各种资源与机会,来提高自己的工作效率和成功率。

虎在捕猎时,会展现出高度的耐心和专注力,它们会长时间地跟踪猎物,等待猎物放松警惕的那一刻。这种耐心和专注力,正是生存的智慧所在。对我们来说,无论是学习、工作还是生活,都需要具备耐心和专注力,只有持之以恒,才能在激烈的竞争中脱颖而出。这些都是我们获得胜利的必要条件之一,想要借力管理,我们首先还是要确保自己的个人能力足够强,让所有资源为我们的事业锦上添花,而不是仅仅依靠自己。

刘邦统筹人才，借力统驭

刘邦，字季，是中国历史上著名的政治家和战略家，他以一介布衣之身，最终成为汉朝的开国皇帝。刘邦成就大业的秘诀，在于他善于借用人才，并团结各种人才，最后完成统一中国的大业。

刘邦身边的人才众多，其中包括了张良、萧何、韩信等人。张良被称为"运筹帷幄之中，决胜千里之外"的智者，萧何则是"镇国家、抚百姓、给馈饷、不绝粮道"的能臣，而韩信则是"连百万之军，战必胜，攻必取"的军事奇才。刘邦则能够将这些人才放在最适合他们的位置上，让他们发挥出最大的能力。

刘邦的用人之道非常独特，他能够不拘一格地使用人才，无论其出身和地位，只要有才能就能够得到重用。例如，他任命了屠夫出身的陈平和平民出身的韩信为重要职位。这种用人方式使得刘邦身边聚集了大量的人才。

刘邦还非常重视人才的培养和选拔，他实行了举贤制，广泛选拔社会上的有才之士，并在汉朝设立了太学、国子监等教育机构，选拔和培养了大量的人才。

在刘邦的领导下，汉朝实行了"任人唯贤"的政策，这种政策不仅吸引了大量的人才，也为国家的稳定和发展提供了坚实的基础。刘邦的用人之道和领导才能，使得他能够在战争中不断壮大自己的势力，最终战胜项羽，建立了汉朝。

刘邦的成功，得益于他重视和尊重人才。他经常与部下商议国家大事，倾听他们的意见和建议，这种信任和尊重使得他的部下更加忠诚于他，为他所用。刘邦的智慧和策略使得他能够将各种人才的优势发挥到极致，最终完成统一中国的伟业。

范雎的统驭策略

范雎,这位战国时期杰出的政治家和外交家,以其非凡的智慧和策略,为秦昭襄王统一六国奠定了坚实的基础。

范雎最初在魏国中大夫须贾门下做事,但因须贾的诬陷,他遭受了极大的屈辱和折磨。然而,他并未就此沉沦,而是化名张禄逃至秦国,开始了他不平凡的政治生涯。

在秦国,范雎以其卓越的才能和远见卓识,提出了著名的"远交近攻"策略。这一策略的核心在于,秦国应该与远方的国家交好,而对近邻的国家进行攻击,以此来巩固和扩大秦国的势力范围。这一策略的实施,使得秦国能够集中力量攻打近邻的韩、赵、魏三国,同时与齐国和楚国保持良好关系,有效地削弱了其他国家的力量,为秦国的统一大业铺平了道路。

范雎除了在外交策略方面展现出非凡的才能,在国内政治舞台上更是发挥了举足轻重的作用。他敏锐地洞察到当时秦国政治局势中的症结所在,深切明白贵族势力的膨胀对于中央集权的弱化以及国家统治的潜在威胁。于是,他苦口婆心地劝说秦昭襄王加强中央集权,果断且有力地对贵族势力予以削弱。

通过这一系列的举措,为秦昭襄王创造了亲政的有利条件,使得秦昭襄王能够真正将权力牢牢掌握在自己手中,进而得以消除诸多政治障碍,从而更加从容地应对各种复杂局势,稳稳地巩固了自己的统治地位。

最终,范雎因为推荐的两个人犯了法而受到牵连,被迫辞去相位,但他对秦国的贡献不可磨灭。范雎所展现出的政治智慧,绝非寻常人所能及。他那高瞻远瞩的远见卓识,绝非短视之人能够望其项

第四篇 智驭风云，虎谋天下

背。也正因如此，他不仅赢得了秦昭襄王极大的信任与尊重，更是得以在秦国错综复杂的政治环境中脱颖而出，成为秦国政治当之无愧的核心人物。

🎓 总结

"借力管理"不仅是一种生存策略，更是一种生活哲学。它告诉我们，在面对挑战和困难时，不应单打独斗，而应学会借助外部力量，同时保持耐心和专注，这样才能在复杂多变的环境中立于不败之地。无论是个人工作还是团队合作，我们都要时刻关注和整理自己的资源，想办法让自己立于不败之地。

海阔天空,领悟虎的退让哲学

虎道点睛

在发现不敌对方时,虎会选择暂时退避,这不是逃避,而是一种策略,一种对自我的保护,也是一种对未来机会的保留。在人生的道路上,并不总是直线前进。有时候,退一步海阔天空,暂时的退让可以为我们赢得思考和调整策略的空间。这种退让不是懦弱,而是一种智慧,一种对生活的深思熟虑。

在现代社会,我们常常面临各种竞争和压力,有时候盲目的坚持可能会导致更大的损失。学会像虎一样,在必要时退一步,可以让我们避免无谓的冲突,保存实力,等待时机。这种退让哲学,教会我们在逆境中保持冷静和耐心,不要急于求成,而是等待最佳时机再出击。适时的退让可以帮助我们避免不必要的牺牲,保存自己的资源和精力,为未来的挑战做好准备。

郭子仪和李光弼化干戈为玉帛

在唐朝历史上，李光弼和郭子仪是两位杰出的军事将领，他们在平定安史之乱中扮演了重要角色。尽管两人早期并不和睦，但面对国家大乱，他们能够放下个人恩怨，携手合作，共同为国家的稳定和繁荣而战。

郭子仪升任主帅后，命令李光弼带兵平叛。李光弼认为郭子仪是借刀杀人，害怕自己出兵后性命不保，因此向郭子仪表示愿意一死，只求保全家人。郭子仪却表现出了大将的风范，他走下堂来，握住李光弼的手说："现在国家动乱，主上受辱，不是您不能使国家安定，我怎能怀有私心来泄愤呢？"随后他推荐李光弼为节度使，两人共同破贼，没有一丝一毫的猜疑。

在战场上，李光弼展现出了其非凡的军事才能。他在太原之战中的表现尤为突出，成功守住了太原，为唐朝赢得了宝贵的时间。而郭子仪则在收复长安后的一系列战役中展现出了他的统帅才能。两人的功劳都对稳定唐朝的统治起到了关键作用。

在安史之乱的后期，李光弼和郭子仪共同指挥了多次重要的战役。特别是在河阳之战中，李光弼以少胜多，成功击退了叛军的进攻。他们的战略眼光和军事指挥能力，为唐朝的最终胜利立下了汗马功劳。

最终，两人都因为他们的英勇和智慧而被历史铭记。他们的故事成为唐朝乃至中国历史上的一段佳话，展现了在国家危难之际，杰出将领如何能够超越个人利益，团结协作，共同为国家的和平与繁荣而战斗。

"六尺巷"的故事

张英是安徽人,在清朝康熙年间担任文华殿大学士。张英的府邸坐落之处,恰好与吴家毗邻,两家之间存在着一条众人共用的巷子。

这条巷子虽说不宽,平日里却也是邻里乡亲穿梭往来的通道。后来,吴家欲扩建自家的房屋,把心思打到了这条众人共用的巷子上,盘算着想将其占为己有,用以扩充自家的宅邸。张家对此坚决不同意,他们认为这是共用之地,怎能被一家独吞。如此一来,双方各执一词,争执不下,这场纠纷最终闹到了县衙那里。

要知道,这两家皆非普通人家,都是当地显赫的家族。县官面对如此情况,左右为难,迟迟难以做出判决。毕竟,无论偏向哪一方,都可能引发诸多麻烦和后续的问题。

无奈之下,张家决定写信给京城的张英,期盼这位在朝堂上有着重要地位的人物能够出面,妥善解决这一棘手的难题。很快,张英收到了家乡的来信,经过一番深思熟虑,他回信写道:"千里家书只为墙,让他三尺又何妨,长城万里今犹在,不见当年秦始皇"。

张家人收到这封饱含深意的回信后,深受触动,经过商议,决定主动退让三尺,展现出豁达大度的胸怀。吴家得知张家的举动后,被这种宽容和礼让的精神深深感动。他们也意识到邻里之间应以和为贵,最终选择退让三尺。正是双方的相互理解和让步,才使得这条原本普通的巷子拓宽成为一条六尺宽的通道,故而被人们命名为"六尺巷"。

这个故事不仅体现了张英宽容豁达的品格,也反映了当时社会对于和谐、礼让的重视。它成为中国文化中礼让和宽容精神的象征,启示我们在处理人际关系时,应以和为贵,相互谦让,这样才能构建和谐的社会环境。

第四篇　智驭风云，虎谋天下

🎓 总结

在自然界中，虎的退让可以避免在不利条件下的战斗，减少对自身的伤害。在复杂多变的生活中，我们也要学会适时退让，这不仅是一种生存的智慧，也是一种生活的艺术。通过退让，我们可以为自己创造更多的可能，最终实现更加宽广和自由的人生。

有时候，进一步如履薄冰，但退一步可以帮助我们韬光养晦，海阔天空，为下一次战斗蓄力。

功成身退，深谙虎的养晦之道

虎道点睛

虎，作为森林中的王者，不仅以其勇猛和力量著称，更以其深谋远虑的生存智慧令人敬畏。在自然界中，虎懂得在取得优势后适时退让，韬光养晦，以保持其生存的长久和稳定。这种"功成身退"的生存策略，对我们人类社会同样具有深刻的启示。

"功成身退"并不是放弃已有的成就，而是在成功后选择适当的时机和方式，暂时退后一步，以便更好地观察和思考。在现代社会，我们常常面临着各种竞争和挑战。在取得一定的成功后，人们往往会陷入自我膨胀的陷阱，而忘记了初心和前进的方向。然而，真正的智慧在于，我们取得成就后，应当学会适时退让，保持谦逊和清醒，以避免过度消耗自己的资源和精力。

王翦"攻楚"之智

王翦是战国末期秦国的名将，与白起、廉颇、李牧并称为"战国四大名将"。他智勇双全，善于用兵，为秦始皇统一六国立下了汗马功劳。其中，王翦攻楚的故事尤为著名。

秦始皇二十二年，秦国计划攻灭楚国，完成统一大业。秦王嬴政询问年轻将领李信攻打楚国需要多少兵马，李信表示二十万足矣。而当秦王问及王翦时，王翦则认为"非六十万人不可"。秦王认为王翦年老胆怯，便没有采用他的建议，结果李信大败，秦军损失惨重。

在那场令人痛心的败仗之后，秦王怀着沉重且懊悔的心情，亲自赶赴王翦的家乡频阳。一路上，秦王面色凝重，思绪万千。到达频阳时，秦王诚恳地向王翦道歉，言辞恳切且充满期待地请求他重新出山。王翦眉头紧皱，坚决地表示非六十万大军不可。而在出征之前，王翦反复多次向秦王提出赐予他良田美宅的请求。众人皆对此感到困惑不解，王翦却深知此举的深意。原来，他这般作为只是为了向秦王表明自己毫无政治野心，只想安享富贵，借此消除秦王内心对他的重重疑虑，从而能够全心全意地投身征战。

王翦率领六十万大军出征，秦王亲自送行至灞上。王翦在军中与士兵同甘共苦，养精蓄锐，坚守不战，等待时机。楚军多次挑战无果，士气逐渐懈怠。王翦见时机成熟，突然发起攻击，大败楚军，斩杀楚国大将项燕，俘虏楚王负刍，一举平定楚国。

王翦的这一举动不仅展现出了他的智慧和军事才能，也体现了他深谙君臣之道，知道如何保护自己。他明白，功成名就之后，适时的退让和自保是明智之举。王翦最终得以善终，这在古代功臣中是相当罕见的。

张良明哲保身

张良，字子房，是汉初著名的谋士，以其卓越的智慧和策略帮助刘邦完成了统一大业。他出身战国末年的韩国贵族家庭，祖父和父亲都曾是韩国的宰相。秦灭韩后，张良立志反秦，曾策划博浪沙刺秦事件，虽未成功，但足见其勇气和智谋。

张良在逃亡途中，遇到了黄石公，得到了《太公兵法》，从此日夜研习，成为一个深明韬略、文武兼备的智囊。在陈胜、吴广起义后，张良也组织了反秦力量，并在途中遇到了刘邦，两人相见如故，张良多次以《太公兵法》进说刘邦，刘邦多能领悟，并常常采纳张良的谋略。

在刘邦成功攻占咸阳之后，张良深知局势复杂多变，诚恳劝谏刘邦还军霸上。彼时秦宫金碧辉煌，陈设奢华无比，然而张良目光长远，深知贪图这些短暂的享受必将失去民心。而在那历史上赫赫有名的鸿门宴事件中，局势剑拔弩张，危险一触即发。张良凭借着过人的智慧，精心谋划着每一步，对项羽和范增的心思洞若观火。他临危不惧，巧妙周旋，利用恰到好处的言辞和灵活的应对策略，成功地帮助刘邦化险为夷，在生死边缘展现出了卓越的智慧和令人惊叹的应变能力。

楚汉战争中，张良提出了"斗智不斗力"的策略，建议刘邦联合英布、彭越等人共同对抗项羽，最终在垓下之战中击败项羽，完成了统一大业。

刘邦称帝后，张良被封为留侯。他深知"兔死狗烹"的道理，在功成名就后选择急流勇退，归隐山林，避免了宫廷的权力斗争，保全了自己的性命和声誉。

张良的一生，是智慧和策略的典范，他不仅帮助刘邦完成了统一大业，更在功成之后明智地选择了退隐，这种"功成身退"的哲学思想，至今仍被人们所称道和学习。

第四篇　智驭风云，虎谋天下

🎓 总结

在当今竞争激烈的环境中，适当地隐藏自己的锋芒，保持低调，可以在关键时刻发挥出更大的力量。通过保持谦逊的态度和内敛的行为，我们可以减少不必要的冲突和对抗，为自己赢得更多的尊重和信任。在取得成就的同时，我们还要保持谨慎和自制，学会在适当的时候退一步，以长远的眼光规划自己的未来。

篇末总结

　　智者如虎，拥有广阔的视野和敏锐的洞察力。他们不仅能看清眼前的局势，更能预见未来的变化。就像虎在狩猎时，总能准确地捕捉到猎物的动向，我们也应该学会用全局的眼光看待问题，洞察事物的本质，从而做出正确的决策。

　　面对复杂多变的环境，智者懂得变通，灵活应对各种挑战。他们不会固守成规，而是根据实际情况调整策略，寻找最佳解决方案。就像虎在捕食时，会根据猎物的反应灵活调整攻击方式，我们也应该学会在困境中寻找转机，用智慧化解难题。

　　智者还懂得借力打力，善于利用身边的一切资源来增强自己的实力。他们不仅懂得团队合作，更懂得如何管理人，让周围的人为自己所用。这种生存大智慧，让我们在竞争中立于不败之地，实现自己的目标。

　　智者不仅懂得进攻，更懂得退让。他们知道，有时候退一步海阔天空，适当的退让能避免不必要的冲突，能为自己赢得更多的发展空间。就像虎在捕猎时，也会根据形势选择退守，等待更好的时机。

　　当目标达成，智者懂得功成身退，不贪恋权势和荣耀。他们明白，过度张扬只会引来嫉妒和敌意，适时地隐退才是明智之举。这种韬光养晦之道，让诸多智者在人生的舞台上进退自如，也留下一段段传奇佳话。

第五篇

虎道人生，登顶巅峰

　　虎是森林之王，它勇敢、坚韧，不畏艰难，总是勇往直前。我们也要像虎一样，面对生活中的挑战和困难，不退缩、不畏惧，用自己的智慧和力量去克服它们。只有这样，我们才能一步步走向成功，最终登上人生的巅峰。

占山为王,虎的独特生存法则

虎道点睛

在大自然的无边天地里,每一种生物都有一套自己独特的生存方式,而虎无疑是这片天地里的霸主,它们凭借"占山为王"的策略,展现出了惊人的生存智慧和强大力量。虎,山林里的王者,有着让人害怕的强壮身体:大大的个子、结实的肌肉、尖锐的牙齿和锋利的爪子,这些天生的装备让它们成为最厉害的捕食者。但虎的生存本领可远不止这些,它们还擅长"占山为王",确保自己处在食物链的最顶端。

"占山为王",不仅是一种领地意识的体现,更是一种生存智慧的展现。那么,作为人类,我们能从虎身上学到什么呢?首先,是那份对生存的执着与勇气。无论环境多么恶劣,虎都不轻言放弃,它们会用自己的力量,去争取每一次生存的机会。其次,是那份对自然的敬畏与尊重。虎深知自己是自然的一部分,它们与大自然和谐共生,这种态度,值得我们深思。在现实生活中,我们或许无法像虎那样在山林间自由驰骋,但我们可以学习它们的生存智慧,用勇气和智慧去面对生活中的挑战。

程咬金劫富济贫

程咬金是隋唐时期一位极具传奇色彩的人物,他的早年生活,经历了许多曲折和困难。

程咬金出生在一个平凡的家庭里,那个时代社会动荡,生活非常不容易。为了养家糊口,他冒险做起了贩卖私盐的买卖。可没想到,命运对他开了个玩笑,他在一次和捕快的冲突中,一不小心把捕快打死了,这一下子就把他推到了风口浪尖上,很快他就被抓进大牢,未来看起来毫无希望。

但幸运的是,没过多久,朝廷宣布大赦,程咬金这才得以重获新生。然而,出狱后的他发现,生活还是和以前一样的艰难,贫穷和饥饿依然像影子一样跟着他。在走投无路的时候,他遇到了尤俊达。两人特别投缘,决定一起在瓦岗寨附近的长叶林小孤山上劫道。那地方地势陡峭,易守难攻,是个非常理想的劫道地点。

他们坚持"劫富济贫"的原则,专门对那些有钱却心黑的富商和贪官下手。程咬金靠着他的勇猛和直爽性格,很快在这一带闯出了名堂。越来越多的人觉得他们的做法很对,就都来加入他们。慢慢地,他们找到了一群志同道合的人,在瓦岗寨占山为王,形成了一股强大的力量。

程咬金骁勇善战,粗中有细,有一颗真诚的心和一股很强的正义感。他对待自己的兄弟就像对待家人一样,有好处大家一起分享,有困难大家一起面对。在他的带领下,瓦岗寨的人们齐心协力,一起抵抗外面的压力。

日子一长,瓦岗寨的名声就越传越远,成了反抗隋朝的一支重要队伍。程咬金和他的兄弟们在这片土地上,用自己的胆量和智慧,创造出了属于他们的传奇。他们的存在，不仅是对隋朝统治的一种反抗，更是那个时代底层百姓想要摆脱压迫、追求自由的代表。

梁山好汉

大家都读过《水浒传》吧？这部小说讲的就是在北宋末年那个混乱不堪、百姓受苦的年代，许多英雄好汉因为种种原因，没有办法过上安稳的日子，被迫走上了反抗的道路，最后都聚集到了梁山，在那里当起了山大王。

梁山坐落在一片大水中间，易守难攻。这里就成了那些被官府欺负、无路可走的人们的最好藏身之处。

宋江是梁山的领袖，他手下有很多好汉，每个人都有自己不幸的故事。林冲，以前是个教禁军武艺的高手，功夫很厉害，为人也很正直。但他被高太尉陷害了，被发配到沧州，后来在山神庙里知道有人要杀他，一气之下就杀了仇人，最终只能跑到梁山上去。武松，他是景阳冈打虎的大英雄，为了给哥哥报仇，杀了西门庆和潘金莲，后来又被张都监陷害，大闹飞云浦，血洗了鸳鸯楼，最后也只能上梁山。鲁智深，他看到有人欺负弱小，就三拳打死了那个人，为了躲避官府的追捕，他当了和尚，但后来因为帮林冲又得罪了高太尉，到处流浪，最后也上了梁山。

这些英雄们来自五湖四海，背景各不相同，但他们有一个共同的心愿，那就是反抗官府的欺压。在梁山，他们各自发挥自己的长处，形成了一股强大的力量。

宋江，因为他的仁义和出色的领导能力，成为梁山好汉们的领袖。他带领大家劫富济贫，打击那些贪官、坏官，为老百姓讨回公道。梁山好汉们的名声很快就传遍了四面八方，很多受欺负的人都来投奔他们。

第五篇　虎道人生，登顶巅峰

在梁山上，好汉们建立了自己的营地，还定了严格的规矩。他们分工合作，有的人负责打仗，有的人负责后勤，还有的人负责收集情报。在和官府的多次战斗中，梁山好汉们靠着勇敢和聪明的战术，赢得了很多次战役。

不过，梁山好汉们可不是只会打打杀杀的粗鲁人。他们心里也装着国家和百姓，当朝廷有难、外敌入侵的时候，他们也站出来保卫国家。

梁山好汉们占山为王，不只是因为对当时社会的不满，更是为了追求正义和自由。他们的故事，在中国历史上留下了深刻的印记，鼓励着后来的人们勇敢地反抗不公，为自己的梦想和信念去努力。

总结

"占山为王"的虎，用它们的生存法则，给我们上了一堂生动的生命之课。在现实生活中，我们或许无法像虎那样在山林间自由驰骋，但是我们可以学习虎的生存智慧，用勇气和智慧去面对生活中的挑战。当我们遇到困难时，不妨想想虎，它们是如何在逆境中生存下来的？是如何用自己的力量去改变命运的？让我们从虎身上汲取力量，用勇气和智慧去书写自己的人生篇章，成为自己生活中的王者。

以我为峰，彰显虎的强大气势

虎道点睛

想象一下，当晨曦初露，阳光穿透茂密的树叶，洒在一只威风凛凛的虎身上。那金黄色的皮毛，在阳光下闪耀着耀眼的光芒，仿佛是大自然赋予它的荣耀勋章。虎站立于山巅，目光如炬，扫视着脚下的领地，那份自信与从容，让人不禁心生敬畏。"以我为峰"，不仅是一种姿态，更是虎内心深处对自我力量的确信与展现。它们深知，在这片广袤的山林中，自己是无可争议的霸主。

无论是矫健的身姿，还是那锋利如刀的爪牙，都是虎征服一切、守护领地的有力武器。它们用行动诠释着"强者恒强"的真理，让每一个踏入其领地的生物都感受到那份神圣不可侵犯的威严。在人类的世界里，"以我为峰"同样是一种值得学习的态度。它鼓励我们勇敢地面对生活中的挑战与困难，用自己的力量去创造属于自己的辉煌。无论身处何种环境，都要保持一颗自信与坚定的心，像虎一样，用自己的气势与智慧，去征服一切，成为自己人生舞台上的王者。

传奇英雄霍去病

霍去病生活在西汉时期，长到十六七岁时已经是个聪明又勇敢的小伙子，汉武帝很欣赏他，让他做了侍中官。那时候，西汉和匈奴的战争打得正激烈。霍去病的舅舅卫青多次带兵攻打匈奴，立下了大功。公元前123年春天，汉武帝又要去攻打匈奴，霍去病硬要跟着去。汉武帝让他做了剽姚校尉，指挥八百名精骑兵。霍去病带着这八百人突袭匈奴营地，不仅杀了两千多敌人，还杀了匈奴单于的祖父和好几个大将，活捉了单于的叔父。汉武帝夸他勇猛，封他为"冠军侯"。

公元前121年春天，汉武帝让霍去病当骠骑将军，带一万精兵从甘肃出发攻打匈奴。霍去病带兵势如破竹，杀了匈奴两个王，活捉了他们的儿子和大臣，杀了八千多敌人。汉武帝很高兴，又给他加了两千户封地。那年夏天，霍去病又带了几万骑兵，从甘肃环县出发，在祁连山下打败了匈奴左贤王，接受了两千五百多人投降，抓了王母、单于的老婆、王子，杀了三万多敌人。汉武帝又给他加了五千四百户封地。从那以后，霍去病声名大振。

公元前119年，汉武帝调了十万骑兵，让卫青和霍去病各带五万，分两路去攻打匈奴。卫青从定襄出发，打了胜仗，杀了近两万名敌人。霍去病从代郡出发，在大沙漠里跑了两千多里，大败左贤王，抓了三个王和八十三名大将，杀了七万名敌人，左贤王部几乎被消灭。霍去病追到狼居胥山，在那里祭天，又在姑衍山祭地，还到了贝加尔湖，刻石留念，然后回朝。从那以后，匈奴就跑到更远的地方了，长城内外都太平了，百姓也过上了安稳的日子。

霍去病二十四岁时因病去世。汉武帝特地在自己的陵墓旁边给他修了座像祁连山的墓,还发动五郡的匈奴人穿着黑甲,把霍去病的棺材从长安送到墓地。

忠勇无畏的岳飞

岳飞生活在南宋那个政治腐败、北方金朝越来越强大的时代。金朝军队经常侵犯南宋,骚扰百姓,但南宋的老百姓不愿意屈服,纷纷起来反抗。

在这股反金的风潮中,岳飞勇敢地加入了军队。他因为聪明勇敢,很快就在军队中显示出了自己的才能,吸引了老将军宗泽的注意。宗泽非常看重岳飞,让他做了东京留守司统制。

金朝的领导者金兀术看到南宋政府软弱,就亲自带兵南下,逼近了南宋的都城临安。岳飞看到形势非常危急,呼吁大家反抗金朝。但宋高宗胆小,不理睬岳飞的请求,反而撤了他的官职。

宗泽也对南宋政府的妥协感到不满,于是推荐岳飞去东京留守杜充那里。但杜充也很胆小,在金朝军队逼近时弃城逃跑。在这个关键时刻,岳飞担起了全城防守的责任。他加强防御,加固城墙,还和另一位反抗金朝的名将韩世忠,计划一起夹击金朝军队。他们把金兀术的军队引进沼泽地黄天荡,让金军自相残杀,死伤无数。但金兀术还是幸运地逃跑了。金兀术逃到牛头山下时,又被岳飞的军队拦住。岳飞亲自带兵杀敌,把金兀术赶回了黄河北岸。

后来,金兀术又大规模进攻,逼近顺昌城。顺昌城的守将刘豫胆小怕事,军队也没有斗志,很快就被金军打败了。岳飞得知后,带领大将牛皋等人与金军激战。金兀术节节败退,最后带着残兵败将逃到临颍县。岳飞派大将杨再兴去截杀金兀术,杨再兴战死后,岳飞又亲自带领大军赶到顺昌城外,双方再次激战。最后,金兀术只带着少数

第五篇 虎道人生，登顶巅峰

人逃出了顺昌城。

岳飞本想继续追击，收复失地，打败金兀术。但就在他要动手的时候，宋高宗却在秦桧的挑拨下，连续发出金牌命令召岳飞回来。岳飞回到京城后，秦桧编造罪名诬陷他谋反。岳飞坚决不屈服。秦桧没办法，就以"莫须有"的罪名在风波亭偷偷杀了岳飞。

总结

以我为峰，彰显出虎的强大气势。这不仅是一种自我肯定，更是一种对未来的期许和追求。只要能够像虎一样，拥有强大的力量和坚定的信念，不断攀登人生的高峰，就能创造属于自己的辉煌。

登高望远，追求卓越人生目标

虎道点睛

追求卓越，是虎道的核心所在。在自然界中，虎总是力求完美，无论是狩猎技巧还是领地防御，都展现出了非凡的能力与智慧。同样，在我们的生活中，追求卓越不应仅仅停留在口头上，而应转化为实际行动。这意味着要设定高标准，勇于突破自我限制，不断学习新知识，提升自我价值，无论是在学业、事业还是个人修养上，都要力求做到最好。

很多人都会犯一个通病，那就是一辈子忙忙碌碌，到头来却什么也没有得到。他们只是盲目地跟从别人的脚步转圈圈，结果就与那些本可以轻松抓住的机会擦肩而过。如果你问他们为什么这样做，他们的回答通常很简单：因为大家都这么做。那么，大多数人真的有自己的目标吗？答案显然是否定的。如果你随便在路上拦住一个年轻人，问他："你现在所做的，能确保将来一定不会失败吗？"他可能会告诉你："你这话说得太离奇了！我做的每一件事，可都是为了将来的成功啊！"然而，遗憾的是，现实往往和期望大相径庭。

班超投笔从戎

班超，字仲升，是东汉时期著名的汉族军事家和外交家。他的父亲是著名历史学家班彪，哥哥班固和妹妹班昭也都是很有名的历史学家。班超在家里常常主动干些辛苦活，从不以干这些辛苦活为耻。他口才很好，也爱读书，懂得衡量事情的轻重缓急，看问题很透彻。班彪去世后，家里经济状况一落千丈，单靠班固一个人当老师教书那点收入，养活不了全家人。于是，班超就到官府里去帮人抄写文件，以补贴家用。但班超心怀大志，觉得抄抄写写的生活太没出息了。他愤怒地把笔扔到地上，说道："大丈夫活在世上，就算没有别的大志向，也应该像张骞、傅介子那样，到远方去建功立业，怎么能一辈子就围着笔墨打转呢？"说完，班超就决定去参军了。

公元73年，也就是永平十六年，有一位名叫窦固的奉车都尉率领军队去攻打匈奴，班超跟着军队北上打仗，在军队里担任了假司马的职务，这是他从文书工作转向军旅生活的开始。班超一到军队，就展现出了非凡的才能。他带领士兵攻打伊吾，在蒲类海与敌人交战，取得了巨大的胜利，不仅杀了很多敌人，还俘虏了不少敌人。窦固非常欣赏他的军事才能，就派他和从事郭恂一起去西域各国出使。

班超他们出使西域后，鄯善国和于阗国很快就归顺了汉朝。莎车王投降汉朝后，班超在西域的声望更是大增。他凭借勇气和智慧，在西域多次立下战功，巩固了汉朝在西域的统治地位。班超为汉朝和西域五十多个国家之间的友好关系做出了巨大贡献，维护了边疆的和平。后来，他被封为定远侯，实现了他建功立业的梦想。

陆羽与茶经

陆羽，字鸿渐，是唐朝竟陵（现在的湖北天门市）人。他特别喜欢喝茶，对茶道非常精通，并撰写了世界上第一本关于茶的书——《茶经》。因为他对我国的茶产业以及全世界的茶文化发展都有着杰出的贡献，所以被尊称为"茶仙""茶圣"。

陆羽从小就是个孤儿，长得不好看，还有口吃的毛病，小时候被父母丢在了水边，被一个名叫智积的和尚收养。虽然他成长于寺庙，却对佛经毫无兴趣。九岁那年，智积和尚让他抄经念佛，他却反问："出家人活着没有兄弟姐妹，死了也没有后代。儒家说不孝有三，无后为大，那出家人能算孝顺吗？"他还大胆地说："我要学习孔子的学问。"智积和尚听了非常生气，就用很多又苦又累的活来惩罚他，想让他回心转意。

陆羽并没有因为困难就放弃或屈服，反而更加渴望学习。在庙里，他被派去放养三十头牛，没有纸用来写字，就用竹子在牛背上划字来学习。智积和尚知道后，又把他关在寺庙里，让他去除草，还派专人看着他。这样过了三年，陆羽十二岁了，他觉得在寺庙里过得太煎熬了，就偷偷跑了出去，加入了一个戏班子学唱戏，成了个演员。他虽然长得不好看，说话也结巴，但他很幽默聪明，很有演小丑的天赋，很受欢迎。

后来，智积和尚想让陆羽学一些实用的技能，便安排他去学习泡茶。在这段时间里，陆羽有幸遇到了一位慈祥的老妇人，她不仅教会了陆羽复杂的泡茶手艺，还传授给他许多读书和为人处世的道理。直到陆羽成功泡制出一杯香气四溢的苦丁茶，恭敬地端给智积和尚品尝后，智积和尚才终于答应放他下山去求学。最终，陆羽写出了广受欢

第五篇 虎道人生，登顶巅峰

迎的《茶经》，将中国的茶文化推向了更广阔的舞台。《茶经》是世界上第一本关于茶的书籍，对中国的茶文化产生了深远的影响。

总结

每个人心中都有一座山，攀登的过程虽然艰辛，但每一步都让我们离梦想更近。追求卓越，不仅是追求物质的富足，更是对精神世界的不断充实和提升。它让我们在人生的道路上，不断挑战自我，超越极限，实现自我价值。

积极进取，把握成功机遇

虎道点睛

在广袤的自然界中，虎以其矫健的身姿、威猛的气势，成了力量和勇气的象征。它们不仅拥有惊人的速度和力量，更具备一种不屈不挠、积极进取的精神，这种精神正是我们在追求成功的道路上所需要的。我们也应该像虎一样，保持一颗积极进取的心。在人生的旅途中，我们会遇到各种各样的挑战和困难，但只要我们像虎一样，不畏艰难，积极进取，就一定能够克服一切障碍。

机遇就像是一只狡猾的猎物，它不会主动跑到我们面前，而是需要我们用敏锐的眼光去发现，用果断的行动去捕捉。虎在捕猎时，总是能够准确地判断猎物的动向和位置，抓住最佳的出击时机，这种敏锐和果断正是我们把握机遇时所需要的。当然，像虎一样积极进取，并不意味着我们要盲目地追求成功，而是要在追求成功的过程中，保持一颗平和的心态，学会享受过程，珍惜每一次尝试和努力的经历。因为，无论结果如何，这些经历都将是我们人生宝贵的财富，它们会让我们变得更加成熟、更加坚强。

李时珍与白花蛇

明朝医药学家李时珍出身医学世家,他的父亲是一名医术高超的大夫。那时候,山里的百姓因为干活太累,很多人腰肌劳损。李时珍的父亲经常给这些病人用一种特别的药酒,主要材料就是白花蛇。这让小李时珍很好奇:白花蛇怎么有这么神奇的效果呢?

为了找到答案,李时珍决定亲自去深山观察和研究白花蛇。但这个想法遭到了全家人的反对,因为白花蛇毒性很强,一不小心就会丧命。但李时珍没有退缩,他很想知道真相,这样,他的医术才能进步。

后来,李时珍来到了龙峰山,因为他听人说这里有很多白花蛇。他在山路上等了两天,终于遇到了一个捕蛇人。李时珍告诉捕蛇人,自己来找白花蛇是为了减轻病人的病痛。捕蛇人被李时珍的坚持打动,决定带他一起去找白花蛇。

两人在山中找了很久,都没见到白花蛇的影子。捕蛇人有些灰心,但李时珍很坚定,不找到白花蛇就不离开。

有一天,李时珍和捕蛇人在龙峰山的山腰找到了白花蛇。这时,暴风雨就要来了,捕蛇人催促李时珍赶紧回去。他们急匆匆地赶路,突然,李时珍"哎哟"叫了一声。捕蛇人回头一看,惊呆了。原来,一条白花蛇缠住了李时珍的左腿,但蛇头被李时珍踩住了!捕蛇人赶紧跑过去,费了好大的劲才把白花蛇捉住。他对李时珍说:"你真是太幸运了,要是没踩到蛇头,今天就危险了!"

这次探险,李时珍不仅亲眼看到了白花蛇生活的环境,还亲手抓到了一条白花蛇。接着,他又请教其他捕蛇人,收集了很多关于白花蛇的资料。李时珍就是这样,在医学的道路上一直很努力,最终写出了伟大的医学著作《本草纲目》。李时珍的故事告诉我们：只有不断努力，才能成功。

王猛杀吏被赦案

前秦时期，有个名叫王猛的人，他胸怀大志，却选择隐居山林，默默等待属于自己的时代机遇。最初，当大将军桓温向他伸出橄榄枝，邀请他一同返回东晋时，王猛并没有急于行动。他先去请教了自己的老师，在经过深思熟虑后，婉言谢绝了这次看似风光的机会。因为他知道，真正的舞台，还未搭建完成。

时光流转，到了东晋永和十一年（公元355年），前秦的皇帝苻生残暴无道，弄得民怨沸腾。而他的堂弟苻坚，却是个有雄心壮志的人，他想推翻苻生，自己坐上龙椅。为了这个目标，他四处招揽人才。当苻坚听说了王猛的大名，立刻派手下吕婆楼去请这位隐居的高人。这一次，王猛看到了机会，他没有再犹豫，毅然决然地走出了山林。

苻坚见到王猛，两人一见如故，聊得十分投机。就像是刘备遇到了诸葛亮，苻坚觉得王猛就是他一直在寻找的智囊。两年后，苻坚发动政变，干掉了苻生，自己当上了大秦天王。他立刻任命王猛为中书侍郎，掌管军国机密。不久，又让王猛去始平县当县令，这个地方离都城长安很近，位置十分重要。

王猛上任后，就开始大展拳脚。他推行法治，严格约束那些横行霸道的豪强。有一个作恶多端的奸吏，王猛直接把他当众鞭打致死。这下，当地的豪强们不干了，他们集体上告朝廷，说王猛滥用职权，手段残忍。结果，王猛被抓了起来，押送到长安受审。

苻坚亲自来审问王猛，他责备王猛说："治理国家应该以德为先,你刚上任就杀人,是不是太残酷了?"王猛却毫不畏惧,他大声说:"陛下,我听说治理安定的国家可以用礼,但如果国家混乱,那就必须用法!我既然做了始平县令,就要为陛下尽心尽力,不能顾惜个人得失。现在我才杀了一个不法之徒,还有成千上万的坏人等着我去收拾呢!"

苻坚听了王猛的话,觉得很有道理,当场就释放了他。之后,王猛继续打击那些桀骜不驯的贵族和豪强,甚至包括皇太后的弟弟。同时,他还推贤举能、澄清吏治、协调民族关系、兴修水利、发展生产、兴办学校。在他的努力下,前秦实力大增。

总结

像虎一样积极进取,把握成功机遇,是一种积极向上的人生态度。它让我们在面对挑战时更加勇敢,在把握机遇时更加果断,在追求成功的过程中更加坚定。只要我们能够像虎一样,保持一颗积极进取的心,就一定能够在人生的道路上创造出属于自己的辉煌。

点滴积累，铸就辉煌人生

虎道点睛

虎的威猛和力量并非天生就有，而是经过长时间的磨砺和积累。在丛林中，虎需要不断地学习狩猎技巧，锻炼体能，才能在关键时刻一跃而起，捕获猎物。同样，在人生的道路上，我们也需要像虎一样，不断地学习、成长和积累。这些看似微不足道的努力和进步，就像虎在丛林中一步步锻炼自己一样，虽然过程漫长且充满挑战，但正是因为这些积累，才让我们在关键时刻能够挺身而出，展现出自己的实力和才华。

在积累的过程中，我们需要保持耐心和毅力。就像虎在狩猎时需要耐心等待时机一样，我们在追求目标的过程中也需要学会等待和坚持。不要因为一时的困难或挫折而放弃，而是要相信自己，坚持自己的信念和目标，一步一步向前迈进。同时，我们还要学会从失败中吸取教训，不断反思和改进自己。就像虎在狩猎失败后会总结经验教训一样，我们在遇到挫折和失败时也要勇敢面对，分析原因，找出问题所在，并努力改进和提升自己。只有这样，我们才能在积累的过程中不断进步，最终走向成功。

第五篇 虎道人生，登顶巅峰

欧阳询与石碑

欧阳询是唐代一位非常出色的书法家，书法技艺高超，早在隋朝时期就已经声名在外。他的字被称为"欧体"，刚劲有力，在端正平稳中透露出险峻奇特，特别适合书法初学者学习。

尽管欧阳询已经取得了很大的成就，但他从不骄傲自满。有一次，他偶然间看到了一块西晋书法家索靖写的章草石碑。乍一看，石碑上的字并不出彩，但是欧阳询凭借着自己敏锐的艺术眼光，认真地观察了一会儿，才发现石碑上的每一笔每一画都好像在讲述着古老的故事，展示着索靖书法的独特韵味。

欧阳询被石碑深深吸引住了，完全忘记了时间的存在。他一会儿停下脚步仔细盯着石碑看，一会儿又用手指在空中模拟书写，用心体会索靖的书写技巧、布局构思和整体韵味。就这样，不知不觉间，三天三夜就这么过去了。在这段时间里，欧阳询就像是和索靖进行了一场穿越时空的交流，他真正懂得了索靖书法用笔的精髓。他体会到索靖书法中既有刚强又有柔美，既有动态又有静态，明白了书法不仅是写字的技术，更是内心世界的展现和情感的抒发。

经过这次深入的学习和体会，欧阳询的书法技艺更加炉火纯青。他把从索靖石碑上学到的东西融入自己的作品里，不断尝试新的方法和风格。他的书法作品因此变得更加生动有活力，充满艺术魅力，成为人们后来学习书法的榜样和追求的目标。欧阳询对书法坚持不懈的追求和不断探索的精神，也鼓舞着无数人在书法艺术的道路上坚持不懈，不断积累和提升自己，为中华文化的传承和发扬光大贡献自己的力量。

王羲之练字

　　王羲之从小就对写字特别痴迷，只要一有空闲，他就会拿起笔来练习。他的父亲见他如此热爱写字，便给他买了许多毛笔和纸张，鼓励他好好练习写字。但很快，纸张就用完了，毛笔也写秃了。父亲感到十分奇怪，于是悄悄走到王羲之的房间外偷看，只见王羲之正全神贯注地在纸上写字，旁边堆满了用过的毛笔。父亲被王羲之的勤奋学习深深打动，又为他购买了更多的纸张和毛笔。随着时间的推移，王羲之的字写得越来越漂亮。

　　王家门外有一个大水池，每次练完字后，王羲之都会去那里清洗毛笔。到了夏天，有人经过他家门口时，发现池水竟然变黑了。邻居们都很奇怪，不知道发生了什么事情。正当大家疑惑不解的时候，王羲之又出来洗笔了。这时，大家才明白过来，原来是因为王羲之练字太多，把整池水都给染黑了。后来，这个小水池就被大家称为"墨池"。

　　王羲之长大后，字写得非常好，经常有人上门来求字。但他从不自满，仍然夜以继日地坚持练习。有一天，他正在书房里练字，他的妻子担心他饿着，就让丫鬟把他最喜欢的馒头和蒜泥送到书房。丫鬟见他如此专注，就催促他说："老爷，夫人让我给你送饭菜来了，您快点吃吧。"可是王羲之就像没听见一样，继续专心致志地练字。丫鬟很无奈，只好去叫夫人。等夫人和丫鬟一起进屋时，被眼前的情景惊呆了。只见王羲之正吃得有滋有味，可他吃的却是蘸满了墨汁的馒头。原来他把墨汁当成了蒜泥，蘸着墨汁吃了馒头。看到满嘴墨汁的王羲之，夫人和丫鬟都忍不住笑了起来。

　　夫人让丫鬟重新给王羲之送来饭菜，然后问他："你的字已经写得那么好了，现在每天都有很多人来求字，你为什么还要这么拼命地练字呢？"王羲之回答说："虽然我的字写得好，但我还没有创造出属于自己的独特字体，现在写的还是模仿古人的。"经过刻苦钻研和不断练习，王羲之终于创造出了别具一格的字体，所有人在看到他的字后都赞不绝口。

总结

当我们像虎一样，经过长时间的积累和磨砺后，就会发现自己已经变得更加自信和强大。这时，我们就能像虎一样，在人生的舞台上展现出自己的风采和实力。无论是面对工作、学习还是生活中的挑战和机遇，我们都能从容应对，创造出属于自己的辉煌人生。

篇末总结

　　在丛林法则下，虎以其勇猛和智慧，占山为王，独享一方天地。人生亦如此，我们要有虎的勇气，敢于挑战，占据属于自己的领地，制定独特的生存法则，活出自我风采。

　　虎行走于山林间，气势如虹，让人敬畏。人生路上，我们也应如虎添翼，自信满满，展现出强大的个人魅力，以我为峰，引领潮流，成为众人瞩目的焦点。

　　虎登高望远，洞察四方，寻找更好的猎物。人生亦是如此，我们要有远大的目标，不断追求卓越，勇于攀登人生的高峰，让梦想照进现实。

　　虎捕猎时，迅速果断，从不放过任何一个机会。在人生的竞技场上，我们也要积极进取，敏锐捕捉每一个成功的机遇，用智慧和勇气书写属于自己的辉煌篇章。

　　虎的强大并非一蹴而就，而是经过无数次的狩猎、磨砺和成长。同样，辉煌的人生也需要我们点滴积累，从每一个小目标开始，不断努力，最终实现人生的巅峰。虎道人生，就是要在不断挑战中成长，在磨砺中前行，最终登顶人生的巅峰。

第六篇

虎隐山林，宁静致远

　　虎虽然威猛无比，但它也懂得寻找安静的地方，隐身于山林之中。在那里，没有喧嚣和纷扰，只有宁静和平和。这种宁静并非逃避现实，而是为了让心灵得到暂时休息和滋养，以便更好地面对未来的挑战。在山林间，虎可以静心思考，修炼自己的内心，提升自己的力量。这种追求宁静的心态，不仅能让虎保持冷静和专注，还能让它走得更远、更稳。同样，我们在生活中，也需要学会寻找自己的"山林"，在宁静中修炼自己，追求内心的平和与宁静，才能致远。

攀登高处,远离尘世喧嚣

虎道点睛

虎不仅拥有令人生畏的力量,更具备一种超然物外的智慧——懂得在山林间寻觅一处高地,远离尘世的纷扰与喧嚣,静静地享受那份属于自己的宁静与自由。攀登高处,对虎而言,不仅是一次身体上的挑战,更是一次心灵的洗礼。它教会了虎如何在纷扰的世界中寻找到属于自己的避风港,如何在快节奏的生活中保持内心的平和与宁静。这种能力,对于生活在这个快节奏、高压力社会中的人类来说,同样至关重要。

我们可以从虎身上汲取灵感。在生活中,我们应该像虎一样,勇敢地攀登自己人生的高峰,远离那些让人疲惫不堪的尘世喧嚣。这并不是说要我们完全脱离社会,而是要学会在繁忙的生活中寻找一片属于自己的宁静之地,让心灵得到放松和滋养。

勇敢攀登人生的高峰,需要我们有坚定的信念和不懈的努力。就像虎在山林间穿梭,需要克服重重困难,才能找到最适合自己的栖息地。同样,我们在追求梦想的道路上,也会遇到各种挑战和困难。但只要我们保持坚定的信念，付出不懈的努力，就一定能够克服一切，实现自己的价值。

陶渊明归隐

在东晋末年至南宋初期那段动荡不安的历史时期，社会风气败坏，官场更是乌烟瘴气，权贵们垄断了政治舞台，使得寒门士子难以施展抱负。陶渊明，这位才华横溢、心系天下的文人，也曾步入仕途，历任江州祭酒、镇军参军及彭泽县令等职。

然而，在官场的历练中，陶渊明逐渐发现自己与这个污浊的环境竟格格不入。他目睹了官场中的权谋诡计、阿谀奉承和名利之争，内心深感厌恶。终于，他在担任彭泽县令仅八十余日后，因不愿为五斗米折腰，向那些奸佞小人妥协，毅然决然地辞去了官职，回归到他魂牵梦绕的田园之中。

在庐山脚下，陶渊明开辟了一片荒地，亲手耕种，过着简朴但自给自足的生活。他远离了尘世的纷扰，沉浸在大自然的怀抱中，享受着那份宁静与美好。他遵循着日出而作、日落而息的生活方式，在田园中辛勤劳作，与山水为伴，与花鸟为友。

陶渊明常常攀登上附近的山丘，从高处俯瞰脚下的田野和远方的山水。在那里，他感受到了一种超脱尘世的宁静与自由。他创作了许多描绘田园风光的诗篇，如"采菊东篱下，悠然见南山""山气日夕佳，飞鸟相与还"等，这些诗句不仅表达了他对田园生活的热爱，也反映了他对尘世琐事的摒弃。

尽管陶渊明的隐居生活十分清贫，但他却找到了内心的平和与真正的幸福。他的故事鼓舞着后人，在这个纷繁复杂的世界中，去追寻自己内心的宁静之地，远离尘嚣，追求内心的纯真与美好。

梅妻鹤子

北宋时期，诗人林逋身处一个动荡与繁华并存的时代，但他的内心始终向往着平静与纯真。

自幼饱读诗书的林逋，才华横溢却对官场的权谋与名利深恶痛绝。于是，他选择远离尘嚣，于杭州西湖孤山之上，过上了隐居生活。

在孤山，林逋的日子简单而惬意。他精心照料山上的梅花，把梅花当作自己的妻子一样照顾。对他来说，梅花能在寒冷的冬天里傲然开放，代表着纯洁和坚强。梅花盛开的时候，他就会在梅树林里走来走去，闻着那清新的花香，就像是在和梅花进行一场心灵的交流。他养了几只美丽的仙鹤还把仙鹤当成自己的孩子。仙鹤的优雅和活泼，给他的隐居生活带来了更多的乐趣和活力。

林逋每天都会吟诗作画，他的作品中充满了对大自然的热爱和对人生的理解。他的诗写得清新自然，比如《山园小梅》中的"疏影横斜水清浅，暗香浮动月黄昏"，寥寥数语便勾勒出一幅绝美的梅花画卷，同时展现了他远离尘世后的悠然心境。他的画作同样意境深远，将孤山的宁静美景展现得淋漓尽致。

林逋在孤山隐居，虽然看起来一个人很孤单，但他的心里却很充实。他在孤山上找到了真正属于自己的小天地，摆脱了人世间的烦恼，成为后人心目中值得尊敬的隐士榜样。

林逋住在杭州的孤山上，养着两只仙鹤。每当放飞它们时，仙鹤便翱翔于高空，盘旋许久后再返回。他也时常划着小船游览西湖周边的寺庙。若有客人来访，他的童子便会出门迎接，并放飞仙鹤作为信号。不久，林逋便会划着小船归来。他性格清高孤傲，才华横溢，唯独不会下棋。他曾坦言："我世间事都能做，只是不能担粪与着棋。"

总结

远离尘世喧嚣，并不意味着我们要逃避现实。相反，我们应该学会在喧嚣中保持内心的平静和冷静，用智慧和勇气去面对生活中的每一次挑战和困难。就像虎在丛林中狩猎，需要保持高度的警惕和敏锐的洞察力，才能捕捉到猎物。同样，我们在生活中也需要学会观察和分析，用智慧和勇气去应对各种复杂的情况。

以山为家，守护内心宁静

虎道点睛

雄壮的虎在崇山峻岭间自由穿梭，它的每一步都显得那么从容不迫，那是因为它深知，这片山林就是它的王国，就是它的避风港。虎不会为外界的喧嚣所干扰，也不会因为山下的繁华而心生向往，更不会因为人类的纷扰而改变自己的生活方式。它的心中，只有这片山林的宁静与和谐，这是它最宝贵的财富。

我们应该学会像虎一样，找到自己的"山林"，那就是我们内心的宁静之地。在这个快节奏、高压力的社会里，每个人都在为了生活奔波，为了名利奋斗，却往往忽略了内心的需求。我们忘记了，真正的幸福，并不在于外界的物质条件，而在于内心的平和与满足。守护内心的宁静，并不是逃避现实，而是要在纷扰中找到自己的定位，学会与自己和解。就像虎在山林中狩猎、休息、繁衍，一切都遵循着自然的法则，我们也应该学会顺应生活的节奏，不被外界的噪声所干扰。当我们能够静下心来，倾听内心的声音，我们就会发现，原来真正的力量，来自内心的坚定与自信。

第六篇 虎隐山林，宁静致远

诗仙李白

"诗仙"李白一生都活得自由自在，不受任何束缚。他走过了大江南北很多地方，写下了很多动人的诗篇。到了晚年，经历了人生的各种起伏后，他来到了美丽的敬亭山。

李白一踏上敬亭山，就被这里的宁静深深吸引。他独自坐在敬亭山上，看着眼前的青山。那连绵不绝的山峰，在蓝天白云的映衬下，显得更加壮观。他回想起自己一生的经历，心中充满了感慨。他以前有很多梦想，想要在官场上有所作为，想要为国家和百姓做点事情。但是，现实让他遇到了很多困难，官场的黑暗和人心的复杂，让他感到失望和无力。现在，在敬亭山上，他找到了心灵的平静。

他坐在敬亭山前，感觉像是找到了一个真正能理解他的朋友。在宁静中，他忘记了世间的烦恼和争斗，只关注自己的内心。他开始思考人生的意义，自己想要追求什么，自己的价值在哪里？他通过写诗来表达自己的心情，"众鸟高飞尽，孤云独去闲。相看两不厌，只有敬亭山。"这首诗表达了他对敬亭山的喜爱，也表达了他对宁静生活的向往。

在敬亭山的日子里，李白常常在山间的小路上散步，欣赏大自然的美景。他会在小溪边停留，看着清澈的溪水流淌，感受着生命的活力。这里的花草树木、山水景色，都成为他写诗的灵感。

李白把敬亭山当作自己的家，在这片山水间寻找心灵的安慰。他用写诗记录下自己在敬亭山的感受和思考，把自己的心灵和这座山紧密地联系在一起。他的诗就像敬亭山的美景一样，流传了很久，成为中华文化中的一颗耀眼的宝石。

李白视敬亭山为心灵的港湾，在这片山水环绕之地寻觅慰藉。他通过诗歌来铭记在敬亭山的所见所感，让自己的心灵与这座山建立起了深厚的联系。他的诗如同敬亭山的绮丽风光，历经岁月长河，依然璀璨夺目，成为中华文化宝库中的一颗璀璨明珠。

孟浩然与鹿门山

孟浩然是唐朝诗坛上一颗耀眼的明星，一生在追求做官和寻找内心平静之间犹豫不决。年轻时，他志向远大，热衷于仕途，渴望在官场上施展才华，为国家和百姓出力。但是，命运似乎总爱捉弄他，尽管他非常有才华，但却一次次地遭遇挫折，无法在官场上实现自己的梦想。

在经历了许多次的失败后，让他感到心灰意冷，孟浩然终于明白了官场的复杂和无奈。他那颗曾经火热的心逐渐冷却，开始重新思考自己的人生道路。这时，他回想起了鹿门山，那座在他年少时就给他留下深刻印象的宁静之山，他决定去那里隐居。

孟浩然在山中找了个安静的地方，建了一座简单的房子住下。这里没有城市的喧嚣和世俗的打扰，只有茂密的树林、流淌的小溪和悦耳的鸟叫。每天，他都与山林为伍，早上被鸟儿的歌声叫醒，打开柴门，迎接他的是晨光洒满脸庞。

春天一到，鹿门山变得像画一样美，到处都是五颜六色的花。孟浩然在花丛中漫步，欣赏着那些鲜艳的花朵，感受着生命的旺盛和美好。他常常即兴写诗，用美好的诗句把春天的生机盎然表达出来。

夏天，山里的溪流更加欢快，他会在溪边坐下，把脚伸进清凉的水里，听着水流的声音，把世间的烦恼都抛在脑后。

秋天，山上的树叶慢慢变黄，一片一片落下来，像是给大地铺上了一层金色的毯子。孟浩然看着满山的树叶，感受着时间的流逝和生命的短暂。这个季节，他会写下充满深意的诗，思考人生的意义。

　　冬天，鹿门山被白雪覆盖，变成了一片洁白的世界。孟浩然在雪地里，享受着那份宁静和纯洁。他坐在火炉旁，煮一壶热茶，体会着人生的酸甜苦辣。

　　孟浩然把鹿门山当作自己的家，在这里，他找到了内心的安宁。他不再为仕途的挫折而苦恼，也不再为尘世间的纷扰而烦心。在这片宁静的土地上，他守护着自己的心灵净土，用诗歌表达着对大自然和人生的深刻体会。

🎓 总结

　　要守护内心的宁静，我们就需要学会放下。放下那些不必要的执念，放下那些让人疲惫的虚荣与欲望。就像虎不会为了炫耀自己的力量，而去攻击每一个遇到的生物，我们也应该学会低调与谦逊，不被外界的评价所左右。当我们能够真正做到"不以物喜，不以己悲"时，我们的内心就会变得更加坚强与宁静。同时，守护内心的宁静还需要我们学会独处，学会感恩与珍惜。感恩生活中拥有的每一个瞬间，珍惜身边的一切人和事。

为家奔波，责任与担当并重

虎道点睛

虎作为森林之王，它的生活并非只是悠闲地躺在树荫下晒太阳。相反，它需要不停地巡逻领地，保护自己免受外来者威胁。每当夜幕降临，或是食物短缺时，虎更是要踏入未知的领域，寻找足以维持生存的食物。这份勇气与坚持，正是对家庭责任的最好诠释。我们每个人都是那只"老虎"，肩负着家庭的重担，无论是为了孩子的教育、老人的赡养，还是为了维持一个温馨和睦的家庭环境，我们都在不懈努力。

责任，是每个人心中的一盏明灯，它照亮了我们前行的道路，让我们在迷茫和困难面前，依然能够坚持正确的方向。担当，则是我们面对挑战时，勇于站出来，用实际行动去解决问题的态度。一个真正有责任感的人，不仅会对自己的行为负责，还会对家人的幸福、社会的和谐负有不可推卸的责任。在生活的旅途中，我们或许会遇到无数的挑战和困难，但只要心中有爱、有责任、有担当，就能像老虎一样，无论面对多大的风雨，都能够坚忍不拔，勇往直前。

以天下为己任的范仲淹

范仲淹出生在一个贫穷的家庭，但他没有被穷困吓住，心里一直想着要改变自己的命运，所以他非常刻苦地学习。

在破旧的房子里，每天天还没亮范仲淹就起床读书，晚上也在烛光下继续学习。冬天再冷，他也用冷水洗脸提神；夏天再热，他也忍着酷暑专心学习。他的勤奋和坚持让人很佩服，也为他以后的成功打下了很好的基础。

经过多年的努力学习，范仲淹终于考上了进士，踏上了仕途。他心里一直记挂着家里，把不多的俸禄省下来寄给老家的亲人，还在信里告诉他们要好好照顾自己，好好生活。他用自己的努力，给家人带去了希望和温暖。

不仅如此，范仲淹还特别关心国家大事。当他做地方官的时候，他积极解决水患问题。他亲自去考察河流和地形，然后制订科学合理的治水计划。他带着百姓们一起修堤坝，挖河道，成功防止了洪灾。他还鼓励农民开垦荒地，引进先进的农业技术，让农作物产量提高，百姓的生活也得到改善。

范仲淹很关心百姓的生活，经常走到百姓中间，了解他们的困难。他看到部分族人生活贫苦，就建立了慈善组织——范氏义庄帮助他们；看到百姓的孩子因为贫穷上不了学，就创办了学校，让更多的孩子有书读。他还推行了很多改革，整治官员作风，打击贪污腐败，减轻百姓的负担。

在国家遇到困难的时候，范仲淹更是勇敢地站出来，主张抗击外敌。他仔细分析形势，提出了一系列建议。他亲自组建军队，加强边防，提高军队的战斗力。他和士兵们一起同甘共苦，激发了他们的斗志。

范仲淹用他的一生，很好地诠释了什么是责任和担当。他为了家庭的幸福而努力，为了国家的繁荣而奋斗，成为后人学习的楷模。

有责任和担当的苏轼

苏轼一生经历了许多风风雨雨，多次被朝廷贬到偏远地区，但他的心里始终装着家国，为了家国的安宁，他不断地努力奋斗。

当他被贬到黄州时，生活变得异常艰难。那里土地不好，物资也紧缺，一家人面临着巨大的生活压力。但苏轼没有被这些困难打倒，他靠着坚强的意志和乐观的心态，积极想办法生存。他带着家人开垦荒地，那片原本荒芜的土地，在他的努力下逐渐变得生机勃勃。

尽管生活艰难，苏轼依然保持乐观。在简陋的家里，他和家人围坐在一起，分享着简单的快乐。他用幽默的话语和温暖的笑容，给家人带来安慰。晚上，他借着微弱的灯光读书写诗，用文字表达对生活的热爱和对家人的深情。

同时，苏轼也没有忘记自己作为官员的职责。他关心百姓的困苦，深知他们生活不易。在黄州，他主动和百姓交流，了解他们的需求。他看到百姓因水患而受苦，就四处想办法解决。他亲自考察地形，研究水利工程，提出治理水患的建议，并组织百姓一起参与建设，改善生活环境。

后来，苏轼在杭州任职时，更是为百姓谋福祉下了大力气。杭州西湖曾经美丽动人，但长期缺乏治理，湖水变得浑浊，环境遭到破坏。苏轼看到这一情况非常着急，他带领民众疏浚西湖，亲自参与劳动。在他的指挥下，工程顺利进行，百姓们一起搬运泥沙，修筑堤坝。经过努力，西湖变得更加美丽，他修建的苏堤不仅成为一道美景,还极大地改善了当地的水利条件和百姓的生活。

为了百姓能够安居乐业,苏轼不辞辛劳,四处奔波筹集资金和人力。他拜访当地的富人,请求他们支持水利工程,他与官员们商量制定合理的治理方案。他的努力得到了百姓的广泛称赞和支持,大家齐心协力,共同建设美好的家园。

苏轼用自己的行动证明了什么是真正的责任和担当。他为家人付出,为百姓谋福,成了后人学习的榜样。

🎓 总结

有的人在职场上拼搏,加班加点,只为那份能让家人过上更好生活的薪水;有的人则选择创业,面对市场的腥风血雨,虽然过程坎坷,但心中那份对家人的爱与责任,让他们勇往直前,从不轻言放弃。生活不易,但正是这些不容易,让我们学会了成长,学会了付出,学会了担当。就像虎会为了自己的族群担起守护丛林的责任,我们也应该为了自己家人的幸福,勇敢地承担起自己的责任,用行动书写出我们人生的辉煌篇章。

强弱有度，家中智慧平衡

虎道点睛

如果家中的每个成员都像虎一样，既有强大的力量和勇气，又懂得适时收敛锋芒，用智慧去处理家庭关系，那么这个家一定会充满温馨与和谐。这里的"强弱辩证"，并不是说要在家庭中争强斗狠，而是强调每个人都要有自己的立场和原则，同时要有包容和理解的心。

在家庭中，智慧平衡的关键在于"度"的把握。每个人都要学会在强与弱之间找到适合自己的位置，既不过于强势，也不过于软弱。就像虎在捕猎时，既要有足够的速度和力量去捕捉猎物，也要有足够的耐心和智慧去等待最佳时机。

此外，家庭中的智慧平衡还体现在沟通上。有效的沟通能够消除误解，增进理解。每个人都要学会表达自己的感受和需求，同时要学会倾听他人的声音。只有这样，家庭才能成为一个真正的避风港，让每个人都能在其中找到归属感和安全感。

第六篇　虎隐山林，宁静致远

马皇后与朱元璋

马皇后，这位陪伴朱元璋度过无数艰难日子的非凡女性，在明朝建立和成长的过程中，留下了深刻的印记。

朱元璋从小生活困苦，经历了重重困难才成为皇帝。他性格坚强，做事果断，有着坚定的目标和远大的理想。但有时，他的果断可能会变得过于苛刻，有时在处理事情时会忽略一些细微之处和他人的感受。马皇后非常了解朱元璋的性格，她知道，在这个时候，自己的温柔和聪明才智能够起到调和的作用。

当朱元璋在处理一些官员的问题时，马皇后会细心观察，给出意见。当朱元璋对一些犯了小错误的官员大发脾气时，马皇后会出言安慰，让朱元璋冷静下来，重新考虑自己的决定。马皇后并不是盲目地为他人求情，而是从国家的整体利益和人心向背的角度来考虑。她明白，只有恰当地处理官员问题，朝廷才能更加稳固，国家才能更加昌盛。

在家里，马皇后更是用她的智慧来平衡各种关系。她关心朱元璋的生活，细心地照顾他的身体。在朱元璋忙于处理国家大事的时候，她会为他准备美味的饭菜，提醒他要注意休息。同时，她也十分注重皇子的教育。她教导皇子们要仁爱、宽容、勤奋，并且以身作则，为他们树立一个好的榜样。

明朝建立之后，马皇后积极参与国家的事务，关心百姓的生活。她建议朱元璋实施一些对百姓有利的政策，还亲自组织后宫的嫔妃和宫女们参与慈善活动，为贫困的百姓送去衣物和粮食。

马皇后以她的温柔、聪明才智和善良，成为朱元璋身边非常重要的人。

"文景之治"背后的女人

窦太后，这位西汉历史上的重要女性，凭借她出众的智慧，在那个充满变化的年代扮演了极为关键的角色。

当汉文帝刘恒刚当皇帝时，国家形势动荡不安。多年战乱之后，国家根基还不稳固。汉文帝就像是在狂风巨浪中驾驶船只的船长，面临着巨大的挑战。窦太后作为皇后，敏锐地看到了国家的困难。她明白，要稳定局势，就得实施仁政，让百姓能够休养生息。因此，她经常温柔地劝说汉文帝，鼓励他减轻赋税，减轻百姓的负担。在她的影响下，汉文帝开始推行一系列对百姓有利的政策，百姓们渐渐感受到了新皇帝的仁慈和关爱。

但是，国家内部并不平静。朝廷里的大臣们势力强大，对汉文帝的统治构成了威胁。窦太后清楚地认识到了这一点，她时刻提醒汉文帝要保持警觉。她凭借自己对朝廷局势的深入了解，分析各方势力的动向，为汉文帝提供建议。她建议汉文帝在任命官员时要慎重，既要看重才能，也要考察他们的品德和忠诚度。同时，她提醒汉文帝要加强对军队的控制，确保国家安全。在窦太后的帮助下，汉文帝逐渐稳定了局势，国家开始走向繁荣。

汉景帝即位后，面临的局面更加复杂和严峻。诸侯们的势力越来越大，他们手握重兵，对中央政权构成了巨大威胁。窦太后知道此时不能轻举妄动，而应该采取温和的政策，去平衡各方势力。她建议汉景帝对诸侯进行安抚，给予他们一些奖赏和荣誉，以缓和与诸侯的关系。同时，她提醒汉景帝要加强中央的军事力量，做好随时应对可能叛乱的准备。在她的智慧指引下，汉景帝采取了一系列措施：一方面，他对诸侯进行了分封和奖赏，稳定了诸侯的情绪；另一方面，他大力整顿军队，加强军事训练，提高了中央军队的战斗力。经过多年的努力，汉景帝逐渐削弱了诸侯的势力，巩固了中央政权。

在家庭中，窦太后同样用她的智慧来平衡各种关系。她明白皇室的和谐对于国家的稳定非常重要。她教导皇子公主们要仁爱、尊敬长辈、团结兄弟姐妹。她以身作则，关心家人的生活，为家庭创造了和谐的氛围。她经常和皇子公主们交流，倾听他们内心的想法和烦恼，给他们提供恰当的建议和指导。在她的影响下，汉文帝和汉景帝的皇子公主们都具有良好的品德和行为习惯，为国家的未来培养了一批优秀的人才。

窦太后凭借她卓越的智慧和坚定的信念，在西汉历史上留下了光辉的篇章。她的故事成为后人传颂的佳话，激励无数人在面对困难和挑战时，用智慧和勇气去寻找平衡与发展。

总结

强弱有度，智慧平衡，这不仅是一种生活态度，更是一种家庭哲学。它教会我们如何在家庭中扮演好自己的角色，用智慧和力量去维护家庭的和谐与幸福。我们每个人都是勇敢的"小老虎"，可以用爱和智慧的力量为自己和家人创造美好的未来。

独来独往,坚守自我之路

虎道点睛

虎是孤独的猎手,它们独来独往,不依赖群体,凭借自己的力量和智慧在丛林中生存。这种独立性,不仅是因为虎拥有强大的狩猎能力,更是因为它们内心深处那份对自我价值的坚守。虎不随波逐流,不为了迎合他人而改变自己。它们清楚地知道,只有坚持自己的道路,才能在这片危机四伏的丛林中立足。

在人生的道路上,我们也应该像虎一样,坚守自己的信念和追求。在生活中,我们常常会面临各种诱惑和挑战。如果我们能够像虎那样,保持内心的坚定和独立,不轻易被外界的诱惑所动摇,那么我们就能够在纷繁复杂的世界中,找到属于自己的道路。坚守自我之路,并不意味着我们要与世隔绝,孤芳自赏。相反,它要求我们在保持个性的同时,要学会与他人和谐相处。虎虽然独来独往,但它们也懂得尊重其他生物,维护生态平衡。同样地,我们在追求个人梦想的同时,要尊重他人的选择和权利,学会在合作中寻求共赢。

第六篇 虎隐山林，宁静致远

伯夷、叔齐不食周粟

在很久以前的商朝末年，孤竹国的国君有两个特别出色的儿子，名叫伯夷和叔齐。这两个孩子从小受到很好的教育，他们不仅心地善良，还特别讲道义。

那时候的商朝，政治十分腐败，老百姓生活在水深火热之中。而另一边，周武王在西方慢慢强大起来，带着其他国家的首领们一起攻打商纣王。伯夷和叔齐觉得，周武王这样做是以下犯上，既不忠诚也不道义。于是，他们鼓起勇气，走到周武王的军队前面，想要劝说他放弃攻打商朝。可是，周武王并没有听他们的建议，仍然带着军队继续往前，最后成功推翻了商朝，建立了周朝。

商朝灭亡之后，伯夷和叔齐觉得自己是商朝的臣子，觉得吃周朝的粮食是一种耻辱。所以，他们决定不去领周朝的俸禄，而是跑到首阳山上去隐居。在那里，他们只能采些野菜、野果来吃，生活过得非常艰难。

尽管生活艰难，但伯夷和叔齐的内心却非常坚定。他们坚持自己的道德原则，不愿意向新的政权低头。他们的做法赢得了很多人的尊敬，但也有人觉得他们太固执了。不过，伯夷和叔齐并不在乎别人怎么看他们，他们只在乎自己的信念。

在首阳山上隐居的日子虽然很难熬，但他们从来没有后悔过自己的选择。他们用实际行动向大家展示了什么是忠诚、什么是道义、什么是清高。他们的故事在中国古代历史上流传了很久，成为一段让人难以忘怀的传奇。

介子推不求名利

在春秋时期的晋国，晋献公的宠妃骊姬想要让自己的儿子奚齐当太子，就害死了原本的太子申生，公子夷吾和重耳十分害怕，就逃走了。重耳跑到了翟国，身边跟着很多有才能的人，其中就有介子推等五人。

重耳在外面逃亡了十九年，吃了很多苦，介子推一直陪在他的身边，帮他渡过了很多难关。在重耳逃跑的时候，先是他的父亲晋献公要杀他，后来又是他的兄弟晋惠公追杀他。那时候，重耳经常连饭都吃不上，衣服也破破烂烂的。

有一次，他们逃到卫国，一个随从把他们的钱粮都偷走了。重耳饿得饥肠辘辘，就向田里的农夫讨饭，结果农夫们不但不给，还用土块戏弄他。就在重耳快要饿死的时候，介子推跑到山沟里，割了自己腿上的肉，和野菜一起煮成汤给重耳喝。重耳喝了以后，才知道那是介子推腿上的肉，非常感动，说将来要是当了君王，一定要好好报答介子推。

十九年的逃亡生活结束后，重耳回国即位，成了晋文公，但介子推却没有去邀功请赏，而是隐居到了绵山，成了一名不领君王俸禄的隐士。他的邻居解张为他鸣不平，夜里写了封信挂在城门上。晋文公看到后，后悔自己忘恩负义，赶紧派人去召介子推来受封，这才知道他已经隐居了。晋文公亲自跑到绵山去找介子推，但怎么找也找不到。有人建议晋文公放火烧山，晋文公同意了。火势很大，烧了好几天才灭，可介子推还是没有出来。

后来，有人在一棵枯柳树下发现了介子推和他母亲的尸骨。晋文公非常伤心，在介子推的尸体前大哭了一场，然后才安葬了他们。在安葬的时候，人们发现介子推的脊梁骨堵住了一个柳树洞，洞里好像藏着什么东西。拿出来一看，原来是一块衣襟，上面有一首用血写的诗"割肉奉君尽丹心，但愿主公常清明。柳下做鬼终不见，强似伴君作谏臣。倘若主公心有我，忆我之时常自省。臣在九泉心无愧，勤政清明复清明。"

介子推这种不求名利的行为，体现了知识分子的独立精神。正因为这样，黄庭坚才赞叹道："士甘焚死不公侯……满眼蓬蒿共一丘。"

总结

坚守自我之路并不是一件容易的事情。它需要我们不断地反思自己，明确自己的目标和价值观，同时需要我们具备足够的毅力和耐心去应对生活中的各种变化。但是，只要我们能够保持内心的坚定和独立，不被外界所左右，那么我们就一定能够在这条道路上走得更远、更稳。请相信，只要我们能够保持内心的坚定和独立，就一定能够找到属于自己的光明未来。

篇末总结

　　虎,隐于山林之间,远离尘世的纷扰与喧嚣。它们选择攀登至高处,不仅是为了寻找猎物,更是为了寻找一片属于自己的宁静之地。人生亦是如此,我们需要学会在忙碌的生活中寻找一片宁静,让自己的心灵得到放松和净化。

　　山林是虎的家园,也是它们守护内心宁静的避风港。在山林间,虎能够感受到大自然的呼吸,与万物共生共荣。同样,我们也应该找到自己的"山林",守护内心的宁静,让心灵回归自然,享受生活的美好。

　　虽然虎隐于山林,但它们同样需要为家而奔波,寻找食物,保护领地。在家庭中,虎是守护者和领导者,它们肩负着责任。同样,我们在生活中也要勇于承担责任,为家庭、为社会贡献自己的力量。

　　在虎的家庭中,强者会保护弱者,共同维护家庭的和谐与稳定。这种强弱互助的关系,体现了虎的生存智慧与平衡之道。同样,我们在生活中也要学会平衡各种关系,用智慧和爱心去化解矛盾,营造和谐的家庭氛围。

第七篇

虎志不渝，坚定前行

虎，代表着果敢与决断。在人生的道路上，我们也要有虎的气魄，在追求梦想的道路上，无论遇到多少挫折，都不要轻言放弃。无论前方道路崎岖还是平坦，无论遭遇狂风还是暴雨，都要以顽强的毅力，稳步向前。苏轼曾言："古之立大事者，不惟有超世之才，亦必有坚忍不拔之志。"人生之路从来都不会一帆风顺，不仅会有迷茫与困惑，也会有失落与挫折，但只要我们勇往直前，就没有跨不过去的坎。

顽强不羁，执着追求

虎道点睛

虎，是力量的象征，更是顽强不羁的代表。在丛林深处，虎以它那无畏的勇气，守护着属于自己的领地。它的每一次奔跑，每一次跳跃，都充满了对胜利的渴望和对自我的超越。我们也应如虎一般，在生活中顽强不羁。面对困难时，不轻易退缩，以坚韧的意志去迎接挑战。

在人生的旅途中，只有坚定信念，执着追求，才能克服一切困难，实现自我价值。司马迁的人生便是对这句话的生动诠释。他触怒汉武帝，遭受到残酷的宫刑，这对任何人来说都是毁灭性的打击。然而，他以非凡的毅力忍辱负重，发愤著书，最终成就了"史家之绝唱"《史记》。每一个成功者的背后，都隐藏着无数次的失败。但他们之所以能够最终登顶，正是因为他们拥有坚定的信念和坚持不懈的精神。无论遇到多大的困难，只要我们不放弃，就一定能够找到解决问题的方法。

夸父追日

很久以前,在北方有个神秘的地方。那里有一座特别高的山峰,山脚下住着一群巨人,他们被称为夸父族。夸父族的首领是夸父,他耳朵上挂着金蛇,手里拿着金蛇权杖,看上去很威严。这个族群的人既善良又勤劳,一直过着平静的生活。

有一年,天气变得极其炎热。太阳就像一个大火球炙烤着大地,树木都干枯了,河流也没了水,夸父族的生活陷入了困境。夸父看着被太阳晒得不成样子的家园和受苦的族人,心里特别生气。他站在族人中间大声说:"这太阳太可恶了,我要追上太阳,抓住它。"

族里的老人听到后,连忙劝他:"夸父啊,太阳离我们太远了,你去追它很危险。"夸父的好朋友也说:"是啊,太阳那么热,你会被它烧死的。"可夸父很坚决,他说:"我知道很危险,但为了大家,我必须去。你们放心,我会回来的。"

夸父开始追太阳,一路上他非常累,但他从来没有想过放弃。有一天,他来到一座山脚下,把鞋里的土倒出来,那些土马上就变成一座高高的山。夸父站在山顶上,看着远方,心里又有了力量,他一定要追上太阳。夸父接着往前走,他做饭的时候拿了三块石头,后来这三块石头也变成了三座很高的山峰。

终于,在太阳快落山的时候,夸父追上了它。夸父很高兴,伸手去抱太阳,可太阳太热了,夸父又渴又累。他跑到黄河和渭河,把水都喝光了,但还是很渴。夸父又向北跑,想去大泽找水喝。可惜的是,他还没有跑到大泽就因为又渴又饿,倒在了路上。

夸父临死的时候,心里有很多遗憾和牵挂。他把手里的木杖扔出去,说:"木杖啊,你代替我继续走下去,给路过的人带来阴凉和甜的果子吧。"木杖落地的地方，马上长出了一片茂密的桃林。夸父追日的故事，是古代人想要战胜自然灾难的美好愿望。虽然夸父死了，但他那种执着的精神一直激励着后人。

愚公移山

很久以前，有一个小村落，它被太行和王屋两座巨大的山紧紧包围着。村民们进出村子都要绕很远的路，十分不方便。村子里有一位名叫愚公的老人，他虽年岁已高，但身体硬朗，精神饱满。

一天，愚公看着在院子里玩耍的小孙子，心中突然涌起一股强烈的愿望。他不想让后代继续被这两座大山困扰，于是决定要把太行和王屋两座大山移走。他把全家人召集在一起，说出了自己的想法。家人中有的很激动，愿意和他一起干，但愚公的妻子却充满担忧，她说："你年纪这么大了，怎么可能移得动这么大的山呢？而且挖出的土石要堆放在哪里呢？"大家经过一番讨论，最后决定把土石运到遥远的渤海去。

第二天一大早，愚公就带着一家老小开始行动了。他们拿着工具，面对高大的山体，一点也不害怕，奋力地挖掘着。一铲子一铲子的土，一块一块的石头被挖出来，然后装进筐里。愚公和家人扛着筐，一步一步艰难地朝着渤海走去。

这件事情很快就被传开了，有一个叫智叟的人听说后，特意跑来嘲笑愚公。他说："你真是太傻了，这么大的山，你怎么可能移得完呢？你都这把年纪了，还异想天开。"愚公听了，平静地回答道："我虽然老了，但我有儿子，儿子又会有孙子，子子孙孙没有穷尽。而山是不会再增高了，我们只要坚持挖下去，总有一天能把山挖平。"智叟被说得哑口无言。

第七篇　虎志不渝，坚定前行

愚公一家就这样日复一日，年复一年地坚持着。他们的行为感动了上天。有一天，两位神仙下凡，一夜之间就把太行山和王屋山移走了。从此，村子前面一片平坦，村民们出行再也不用绕远路了。愚公移山的故事也一直流传下来，激励着后人：只要有坚定的决心和顽强的毅力，再大的困难都能克服。

总结

在生活中，我们经常会遭遇各种困难。有的人可能会选择逃避，但也有一些人，他们内心有着坚定的信念，他们以顽强不屈的精神去迎接每一个挑战。因为他们明白，生活不可能总是一帆风顺。在这个过程中，我们难免会跌倒、会失败，但这些经历其实都是对我们坚韧意志的磨砺。每一次的挫折都是成长的机会，都是通往成功的必经之路。只有勇敢地面对生活中的困难，我们才能实现自己的梦想。

热忱如火,助力目标实现

虎道点睛

虎,森林中的霸主,它步伐坚定,眼神锐利,仿佛能穿透一切阻碍。虎在狩猎时,全神贯注,热忱满满,一旦锁定目标,便会以雷霆之势扑向猎物。这正启示我们在追求目标的道路上,需要有虎般的热忱。如火的热忱能赋予我们如虎般的力量,让我们有足够的勇气去冲破重重阻碍。当我们以热忱之心投入事业中时,就如同虎敏锐地察觉到猎物的踪迹,不放过任何一个实现目标的机会。

热忱如火,也可以说是我们内心深处一团永不熄灭的火焰。它就像虎的凶猛气势,在我们追求目标的道路上时刻给予我们力量。当我们犹豫不决时,这股热忱推动我们果断地迈出脚步。面对困难,它让我们不轻易退缩,而是顽强地与之抗争。在挑战面前,它让我们相信自己有能力克服一切。热忱让我们拥有虎般的专注,紧紧盯着目标,不被其他事物所干扰。热忱亦给予我们勇气,让我们勇敢地去突破重重阻碍,朝着心目中的目标奋勇前进。

第七篇　虎志不渝，坚定前行

匡衡凿壁借光

　　西汉时期，有个名叫匡衡的少年，出身贫苦，心中却有着对知识的强烈渴望，从小就梦想着能进入学堂学习知识。但现实很残酷，家里没有钱供他上学，读书对他来说似乎是遥不可及的事情。

　　还好，匡衡没有放弃。在亲戚的指导下，他学会了认字，这为他打开了知识世界的一扇门。可新的问题又来了，那个时候书是很稀缺的资源，普通人家很难拥有。为了能读到书，匡衡就去给有钱人家干活，条件就是可以借阅他们的书。凭着对知识的执着，几年下来，他积累了不少学问。

　　匡衡长大成人后，成了家里的主要劳动力，每天都要在田里辛苦劳作，只有中午休息的时候才能看几页书，读书进度非常缓慢，一本普通的书要十几天才能读完。面对时间不够用的情况，匡衡想到，白天没有时间，晚上可以读书。但他家太穷了，连油灯都点不起，这又成了他求学路上的难题。

　　有一天晚上，匡衡躺在床上回忆白天学的知识时，看到了一丝微弱的光。他好奇地找过去，发现是邻居家的烛光从墙壁的缝隙里透过来。匡衡灵机一动，他赶紧找来小刀，小心地把墙缝扩大，让更多的光透进来。从那以后，他每天晚上都靠着这透过来的烛光，专心致志地读书。

　　正是靠着这种不屈不挠的精神和对知识的强烈渴望，匡衡在无数个夜晚默默努力，最终成为大学者。他不仅学问渊博，还因为出色的才能被朝廷重用，当上了丞相。匡衡的故事告诉我们，只要心中有如火般的热忱，勇敢地去追逐目标，克服困难，坚持不懈，就一定能实现目标，成就一番事业。

车胤与孙康的逐光求学之路

在晋代,有两个出身寒门的年轻人,车胤和孙康。他们虽然家境贫寒,但对知识的渴望却如同火焰一般炽热,凭借着这份热忱,他们努力克服重重困难,最终实现了自己的目标。

车胤从小就特别热爱学习,一心想要通过知识来改变命运。然而,贫困的家境却成为他追求知识道路上的巨大阻碍。家里穷得连晚上点灯的油都买不起,这让他在夜晚无法继续读书学习。但车胤并没有因此而气馁,他的心中始终燃烧着对知识渴望的热忱之火。

一个夏天的晚上,车胤在院子里背诵诗文,看到一群萤火虫在夜空中飞舞。那些小小的萤火虫发出的微弱光芒,让车胤心中一动。他马上找来一个白绢口袋,把萤火虫捉进去,挂在屋檐下。这样,他就有了"灯光",这样就可以继续在晚上读书了。车胤对知识的热忱,就像一团燃烧的火,让他在困境中找到了前进的方向。

孙康也是一个非常勤奋好学的人。同样因为家境贫寒,晚上没有灯光读书。但是,孙康并没有放弃自己的梦想。在一个寒冷的冬天的晚上,孙康从睡梦中醒来,发现窗外透进来一丝光亮。原来是外面下了大雪,月光照在雪地上,反射出明亮的光芒。孙康兴奋不已,立刻穿上衣服,拿着书跑到屋外。雪地上的光芒比屋内要明亮许多,孙康顾不上刺骨的寒冷,立刻沉浸在了书本的世界里。他的眼睛紧紧盯着书本上的每一个字,仿佛忘记了周围的一切寒冷。

车胤和孙康凭借着对知识的无限热忱,在艰苦的环境中坚持努力学习。他们的故事在人群中流传开来,成为激励无数后人的榜样。他们用自己的实际行动告诉我们,无论生活多么艰难,只要心中有热忱,就一定能够找到克服困难的方法,实现自己的目标。

总结

当我们的内心燃烧着对目标的热忱,就如同胸膛中有一团熊熊燃烧的烈火。这团火焰催促我们珍惜每一个当下,更驱使我们果敢行动,勇敢追逐梦想。热忱让我们在面对困难时,毫无畏惧,如同一把利剑,斩断前行道路上的荆棘。热忱更像是一座明亮的灯塔,在茫茫的人生海洋中为我们指引方向,让我们始终保持正确的航向。它不断激发我们的潜力,攻克一个又一个难关,直至实现心中的梦想。

锁定目标，规划人生方向

虎道点睛

虎，自然界中的顶级猎食者，拥有令人敬畏的力量。虎具备非凡的专注力，为了捕获猎物，它们可以长时间潜伏，一动不动，静静地等待着最佳出击时机。为了那个既定的目标，虎可以忍受漫长的等待，毫不松懈。在人生的道路上，我们也需要像虎一样，明确自己的目标。只有当我们清楚地知道自己想要什么，才能有针对性地去努力。

拿破仑曾说："凡事必须要有统一和决断，因此，胜利不站在智慧的一方，而站在自信的一方。"这句话深刻地指出了计划的重要性。当我们有了一个目标后，不能盲目地去追求，而要静下心来，认真分析目标，制定出详细、可行的策略。只有这样，我们才能在实现目标的道路上稳步前行，最终取得成功。

苏秦坚定目标，力促六国合纵抗秦

苏秦，出生在战国那个动荡不安的年代。那时的中原大地，七雄纷争不断，各方都有着称霸天下的野心。苏秦原本只是一个出身寒微的青年，但他却有着远大的志向。

一开始，苏秦把希望寄托在了秦国。他满怀热情前往秦国，一心想在秦国的朝堂上展现自己的才能。可现实很残酷，他的才华没有被秦王看中，还遭到了秦国朝中重臣的排挤。

遭遇挫折后，苏秦没有放弃。他决定另辟蹊径，去游说六国共同对抗秦国。为了达成这个目标，苏秦毅然变卖家产，置办了行装，踏上了漫长的旅程。每到一个国家，他都会深入民间，了解当地的情况，为自己的游说做充分准备。然而，他努力了好几年，却没有什么成效。苏秦的钱花光了，最后只能独自背着行囊，徒步走回家。

回到家后，苏秦看到的是父母的失望、妻子的冷漠和嫂子的不屑。但他没有被这些打倒，而是选择继续奋斗。他开始埋头苦读古籍，希望从中找到成功的方法。有一天，苏秦在一本名为《阴符经》的古籍中似乎找到了灵感。从此，他日夜苦读，困了就用针刺大腿，让自己保持清醒。

经过一年的刻苦学习，苏秦对天下局势有了更深刻的理解。他再次出发，以更加成熟自信的姿态去游说六国。这一次，他凭借着有理有据的分析，打动了六国的君主，让他们同意共同抗秦。苏秦也因此成为身兼六国相印的重要人物，成了那个时代的风云人物。

当苏秦荣耀归来时，家乡的人们纷纷前来迎接。曾经对他失望的父母，眼中满是骄傲，冷漠的妻子也露出了欣喜的笑容，而曾经对他不屑的嫂子更是恭敬有加。苏秦看着众人，感慨万分。他深知，这一切都是因为自己始终坚定目标，从未放弃努力换来的。

王阳明的圣人之路

在明朝，有个人叫王守仁，大家都叫他阳明先生。他出生在一个当官的家庭，从小就聪明。他的志向和普通人不一样，就是当圣人。在那个时代，这听起来似乎是个遥不可及的目标，但他却从未有过放弃的念头。

小时候的王守仁酷爱读书，各种书籍都能让他沉浸其中。儒家经典、道家学说、佛教教义，他逐一研读，每读完一本，都会深入思考，期望从中找到成为圣人的路径。渐渐地，他意识到书本上的知识虽宝贵，却常常与现实生活脱节。于是，他开始尝试将所学知识与实际生活相结合，通过实践去感悟真理。

随着年龄的增长，王守仁步入仕途。官场的复杂并没有让他退缩，反而更加坚定了他成为圣人的决心。历经一系列的磨难后，他被贬谪至偏远的贵州龙场。那里生活条件异常艰苦，但他没有因此气馁。在龙场的日子里，他每日都在思索，努力探寻成为圣人的真正方法。终于，在一个寂静的夜晚，他仿佛听到了内心的声音，领悟到了圣人之道的真谛。他明白，圣人之道其实就在每个人的心中，只要通过自我反省，就能洞察真理，成就圣人之境。这一领悟让他的人生发生了翻天覆地的变化。

此后，王守仁积极传播自己的心学思想。他四处讲学，吸引了众多学子前来求学。他的学说强调"知行合一"，认为只有将知识与行动相结合，才能真正实现道德的完善和智慧的提升。这一思想在当时引起了广泛关注，并对后世产生了深远的影响。

王守仁的一生，都在为成为圣人这一目标而不懈奋斗。他在逆境中不屈不挠，在迷茫中不断探索，最终实现了自己的人生理想。

总结

"人若没有目标，就像船没有罗盘一样，在茫茫大海中失去方向。"这句话生动地说明了目标对于人生的意义。在人生的漫长旅程中，锁定目标是开启成功大门的钥匙。当我们拥有明确的目标时，无论前方道路多么崎岖，都能坚定地朝着既定的方向迈进。有了目标，还要精心规划人生方向。把宏伟的目标细化为具体可行的步骤，一步一个脚印地去实现。在前行的过程中，还要根据实际情况适时调整规划，确保自己始终走在正确的道路上。唯有如此，我们才能在人生的舞台上绽放光彩。

设定策略，让目标成为现实

虎道点睛

虎，强大而勇敢。狩猎前，它会仔细观察周围环境，确定目标后就果断出击。我们也应该在确定目标后，认真思考制定策略，然后坚定地去执行。不能犹豫不决，要像虎一样勇敢地迈出每一步。

"心有猛虎，细嗅蔷薇。"我们既要有虎般的热忱去追逐目标，又要有细腻的心思去规划每一步。这就如同虎在狩猎前，会仔细观察周围的环境，寻找最佳的进攻时机。在追求目标的过程中，我们也要用心去分析局势，制订合理的计划。考虑到每一个细节，并提前做好应对措施。细腻的心思能让我们更加高效地行动，避免走不必要的弯路。

乐毅智计合力破齐

乐毅，战国后期杰出军事家。当时燕国国力微弱，常常遭受齐国的欺压。燕昭王一心想要改变这种困境，他清楚地知道仅凭燕国自身的力量难以与齐国抗衡，所以广招贤才，期望能找到助力燕国实现复仇目标的能人。乐毅就在此时走进了燕昭王的视野。

乐毅来到燕国后，很快意识到要对抗强大的齐国，仅靠燕国一国之力远远不够，必须联合其他诸侯国。于是，他先前往赵国，凭借自己的聪慧和出色的口才，成功说服赵惠文王加入伐齐的行列。接着，他又马不停蹄地出使魏国、韩国和秦国。这些国家原本对齐国有所忌惮，但在乐毅真诚的游说下，看到了共同对抗齐国的利益所在，纷纷同意结盟。

为了达成目标，乐毅付出了巨大的努力。他亲自指导燕军进行严格训练，以提升士兵战斗力。积极筹备粮草、武器等军需物资，确保大军出征时物资充足。同时，他与各国联军紧密联系，共同商议作战计划，保证在战场上能够默契配合，发挥出最强的战斗力。

最终，燕、赵、魏、韩、秦五国联军集结完毕，同时向齐国发起猛烈的进攻。在战场上，乐毅充分发挥联军的优势，巧妙运用各种战术。在济西之战中，联军给齐军以沉重打击。随后乘胜追击，接连攻克齐国七十多座城池，让齐国陷入前所未有的危机。

乐毅的成功，一方面源于他制定了切实可行的策略，另一方面则是他能够将策略切实地转化为行动。他的故事告诉我们，当面对强大的对手或艰巨的目标时，我们要精心制定清晰的策略，并通过不懈的努力和适时的调整，将其变为现实，让梦想照进生活。

伍子胥的复仇之路

在春秋时期，楚平王因为轻信了谗言，竟然对伍子胥的父兄痛下杀手。这一暴行让原本出身楚国显赫家族的伍子胥命运发生了巨大的改变。从此，伍子胥心中只有一个念头，那就是复仇。

从那一刻起，伍子胥踏上了逃亡之路。一路上，他历经千难万险，最后来到了吴国。那时的吴国在诸侯国中不算最强，但伍子胥却看到了它的潜力。他心里明白，要想实现自己复仇的目标，必须借助吴国的力量。

来到吴国后，伍子胥展现出了非凡的智慧和谋略。他深刻地认识到，一个国家要想强大起来，拥有一支强大的军队是不可或缺的关键因素。于是，他毫不犹豫地向吴王阖闾推荐了军事天才孙武。孙武的到来，让吴国军队焕然一新。在他们的精心策划下，吴军开始了严格的训练，体能、战术、纪律、士气方面都有了很大提升。

与此同时，伍子胥也没有忽视外交方面的重要性。他深知，在这个复杂的局势下，孤军奋战是很难取得胜利的，必须联合其他诸侯国，共同对抗楚国。他亲自出使赵国、魏国、韩国等国，凭借出色的口才和谋略，成功说服这些国家与吴国结盟。这些国家也对楚国的威胁有所担忧，便纷纷响应。通过这次成功的结盟，吴国不仅大大增强了自身的实力，还成功地将楚国孤立了起来。

接着，伍子胥开始精心策划怎样削弱楚国。他们先从楚国的附属国下手，蔡国、唐国等先后被吴军占领。随着楚国势力范围不断缩小，吴国伐楚的时机终于成熟。

经过多年准备，在伍子胥和孙武的带领下，吴国向楚国发动了猛烈攻击。在这场具有决定性意义的战争中，吴军充分发挥出了自己的优势，灵活运用各种战术，一路势如破竹，连续取得了五次胜利。最终，他们成功攻破了楚国的都城郢都，楚平王在逃亡的过程中去世。而伍子胥也终于在这一刻实现了他多年来的复仇心愿，他掘开楚平王的坟墓，进行鞭尸，以解心头之恨。

伍子胥的故事告诉我们，只要设定明确的目标，制定出切实可行的策略，并为之付出坚持不懈的努力，那么看似不可能实现的目标也能够成为现实。

第七篇　虎志不渝，坚定前行

🎓 总结

目标的确立只是起点，而策略则是通向它的路径规划。当我们确定了一个目标，那仅仅是在远方树立起了一座灯塔，告诉我们努力的方向在哪里。但要想真正抵达那里，就需要有切实可行的策略。策略就像是我们脚下的路，一步一步引领我们朝着目标前进。只有认真制定好策略，并且严格执行，才能让我们从目标的确立这个起点出发，沿着策略铺就的道路，最终实现我们心中的目标。

咬定目标，不要轻言放弃

虎道点睛

虎，作为森林之王，有着坚定的目标感。当虎锁定猎物时，便会咬定目标不放松。在我们的生活中，也应如虎一般，一旦确定了目标，就要坚定不移地朝着它前进。无论是在学习、工作还是追求梦想的道路上，我们都不能轻易被困难和挫折吓倒。我们也要有咬定目标不放松的精神，面对困难，要勇敢地迎难而上，用行动去证明自己的决心，为实现目标而努力奋斗。

"拼着一切代价，奔你的前程。"我们在追求目标的过程中，要学会排除杂念，专注于自己的目标。不要因为一时的诱惑或者他人的质疑而动摇自己的信念。要有猛虎般的果敢，相信自己的选择是正确的，并且为之付出全部的努力。即使在前进的道路上遭遇失败，也不能气馁，要从失败中吸取教训，重新调整策略，继续向目标迈进。

第七篇　虎志不渝，坚定前行

科学狂人沈括，铸就科学传奇

在北宋时期，有一位杰出的科学家名叫沈括。他自幼便对世界充满好奇，抬头看星星的时候就琢磨星星的运行规律，低头看大地的时候就想弄明白山川蕴含的奥秘。这份对自然现象的好奇心，为他日后在科学研究领域取得卓越成就奠定了坚实的基础。

随着时间的推移，沈括确定了自己的目标，就是把一生都用来进行科学探索，给后人留下有价值的科学知识。为了实现这个目标，他广泛学习各种知识。他认真看儒家、道家的书，他也努力学习天文、地理、数学、医学等自然科学方面的知识。他知道不能只靠书本知识，还得去实践。所以他去了很多地方实地考察，记录了很多有用的资料。

沈括喜欢研究日常生活中的科学现象。他进行了无数次实验，从研究磁石之特性到观测天文现象，从探索化学变化到尝试炼丹术，他皆亲力亲为，不断验证自己的猜想。那个时候，科学研究不被大多数人认可，沈括遇到很多困难和质疑。他曾说过："事固有古人所未至而俟后世者。"正是秉持着这样的理念，沈括没有因外界的质疑而动摇，始终坚定地追求着自己的科学目标。

经过多年努力，沈括把自己的研究成果写成了《梦溪笔谈》。这本书详细记录了他在各个科学领域的发现和见解，给后人留下了宝贵的财富。

沈括的故事告诉我们：咬定目标，不可轻言放弃。即便面临巨大的困难，只要我们坚定信念，勇往直前，就一定能够实现自己的梦想。

李冰铸就都江堰丰碑

在战国时期，秦昭襄王五十一年即公元前256年，李冰被朝廷任命为蜀郡太守。那时的蜀郡，水患问题严重，百姓深受其苦。李冰一到任，便决心解决这个棘手难题。

李冰深知治水绝非易事，必须精心规划。他与儿子二郎不辞辛劳，踏遍岷江两岸，仔细勘察地形，认真记录水情。经过深思熟虑，他们最终确定了治理岷江的方案，修建都江堰。

都江堰工程极为复杂：一方面要将岷江之水引至合适之处，实现防洪、灌溉与航运等多重功能。他们在岷江上选定一处，开凿出一个口子，命名为"宝瓶口"，后被人们称为"离堆"。另一方面，在江心修筑分水堤，将江水一分为二。其中一条流入宝瓶口，另一条继续流淌。

然而，筑堤并非易事。江水湍急，施工难度极大。李冰想出一个妙招，让人编织大竹笼，装入鹅卵石后沉入江底，成功筑起堤坝。如此一来，江水被分为东西两股，西边为岷江正流，即外江；东边用于灌溉，为内江。内江之水再通过宝瓶口分流至各个支渠，灌溉着成都平原数十万公顷的农田。

都江堰还设有飞沙堰，设计巧妙，既能分洪又可减少泥沙淤积。自都江堰建成后，岷江之水再未引发灾害，反而成为百姓的得力助手。李冰在蜀郡还实施了诸多水利工程，如修建桥梁、治理水患、开凿盐井，将成都平原治理得井然有序，使其成为名副其实的"天府之国"。

在治水过程中，李冰遭遇诸多困难。有人质疑他的方法，同时还遭到了秦王亲戚华阳侯的故意捣乱。但李冰不为所动，一心致力于治水，只为让百姓过上好日子。他带领众人齐心协力，最终成功建成都江堰。四川百姓对他充满感激，尊称他为"川主"，并修建众多"川主祠"以作为纪念。

李冰的故事启示我们，只要拥有坚定的决心和卓越的智慧，再大的困难也能被克服。他所打造的都江堰，不仅造福了当时的百姓，也成为后人学习的典范。

总结

当虎发起攻击时，它会全力以赴，不达目的决不罢休。我们在实现目标的过程中，也应该有这样的行动力。不要害怕付出努力，因为只有通过不断的努力，我们才能离目标越来越近。同时，我们也要学会在坚持中寻找乐趣，让追求目标的过程变得更加有意义。无论目标多么遥远，只要我们像虎一样，咬定目标不放松，就一定能够克服重重困难，实现自己的人生价值。

篇末总结

　　虎，以其顽强不羁的精神，在丛林中不断前行，执着追求着属于自己的领地和猎物。在人生的道路上，我们也应有虎之志，面对困难和挑战，不屈不挠，执着追求自己的梦想和目标。

　　虎在捕猎时，目标坚定，全力以赴，这种激情与决心是它们成功的重要因素。同样，我们在追求目标时，也要保持热忱，用饱满的热情和坚定的决心去助力目标的实现。

　　虎在捕猎前，会仔细观察猎物，锁定目标，然后制定策略。在人生的道路上，我们也要学会锁定自己的目标，明确自己的人生方向，然后规划出一条切实可行的道路。

　　有了目标，还需要有策略。虎会根据猎物的特点和环境来制定捕猎策略，以确保目标成功。同样，我们在追求目标的过程中，也要制定合理的策略，不断调整和优化，让目标一步步成为现实。

　　虎在捕猎时，一旦锁定目标，就会坚持到底，不轻言放弃。在人生的道路上，我们也要咬定自己的目标，无论遇到多少困难和挫折，都不要轻言放弃，坚持到底，直到成功。虎志不渝，坚定前行，让我们在人生的道路上，不断超越自我，成就辉煌。

第八篇

虎智之道，奇策制胜

　　如果你认为虎之所以能成为百兽之王完全是因为它的体形庞大，动作迅猛，那就大错特错了。我们总说：没有人能随随便便成功，虎也不例外。虎之所以能够在丛林中称王称霸，不仅是因为它具有强大的体力，更是因为它的聪明和智慧。这些聪明和智慧正是虎道的精髓所在，值得我们去学习。

专注当下，把握生命智慧

> **虎道点睛**
>
> 虎的捕食原则是以最少的消耗获取最大的收获，因此在每一次狩猎的过程中，它都能全神贯注于当下的目标。也正是因为这种专注，它在每一次行动的时候都动作迅猛，百发百中，这也是它能成为百兽之王的原因所在。在我们的生活中，我们也要学习虎这种专注当下的智慧。须知，只有专注于每一个当下，把握好每一个当下，我们才能拥有美好的未来。

专注当下不仅是一种高明的做事态度，更是一种难能可贵的人生智慧。不管是作为丛林领袖的虎，还是古今中外取得一定成就的人物，他们之所以能够在自己所处的领域里闪闪发光，和他们专注当下的智慧有很大的关系。我们不管做什么事情，要想获得成功，也需要专注于当下，心无旁骛，脚踏实地，从眼前的一点一滴做起，不积跬步，无以至千里，不积小流，无以成江海。如果我们不能专注当下，做事情三心二意，好高骛远，最终只会一事无成，碌碌无为。

董仲舒目不窥园

董仲舒是西汉著名的政治家、思想家和教育家，他提出的"罢黜百家，独尊儒术"的思想主张对我国几千年的封建社会产生了深远的影响。他作为西汉首屈一指的大儒，取得了令人瞩目的成就，这些都和他专注当下的生存智慧有很大的关系。

董仲舒出生在一个大地主家庭，家里有大批藏书。天资聪颖、热爱读书的董仲舒总是一个人在房间里读书，而不像同龄人喜欢到外边玩耍。看到他这么用功读书，父亲董太公在欣慰和骄傲之余，也希望他能够偶尔放松一下。于是，爱子心切的父亲决定在家里建一个花园，希望他在读书累了的时候能够去花园里走一走。小花园建成的第一年，春天的时候鲜花开放，蜂飞蝶舞，董仲舒的姐姐曾经多次邀请他和自己一起去花园欣赏这满园春色。然而，不管姐姐怎么邀请，董仲舒依然埋头读书，不为所动。小花园建成的第二年，为了让小花园的景致更漂亮，父亲在花园里建了一座假山。同龄的孩子们看到假山个个都非常开心，围着假山嬉笑玩闹。欢声笑语传到了董仲舒的房间里，他还是专注地读书，丝毫不受影响。小花园建成的第三年，父亲将中秋家宴设在了花园里，心想这次他肯定能看一看花园里的景致了。然而，让大家没有想到的是，在家人赏月的时候，董仲舒又跑去先生家讨教学问去了。后来还有一次，几个调皮的孩子跑进了董家的花园，一个小孩不小心将手中的苹果扔到了董仲舒的房间，砸中了他的额头，他却还是像什么事情都没有发生一样，专注地看着自己手里的书。

正是因为董仲舒具有这种专注当下、目不窥园的智慧，他才能取得卓越的成绩，被尊称为"董二圣"。

专注的贾岛

贾岛是唐代著名的诗人，他出身低微，又曾屡试不第，但这些都丝毫不影响他对诗歌狂热的爱。每次有了创作灵感，贾岛总是沉浸于诗歌的世界中。正是因为这份专注，他留下了很多有趣的小故事。

在一个秋天的下午，贾岛骑着他的小毛驴走在长安的大街上。一阵强劲的秋风吹过，黄叶翩翩起舞，落在了地上。看到这样的景象，贾岛诗兴大发，他随即吟咏出了一句"落叶满长安"。他接着开始苦思冥想下一句诗，却一直没有想到好的诗句。此时，专注于琢磨诗文的贾岛根本就没有注意到周围的事情，他也因此冲撞了京兆尹刘栖楚的仪仗队，并为此被关了一个晚上。

还有一次，贾岛骑着驴去探访好友，路上他突然想到了一首诗，但是对于"僧推月下门"和"僧敲月下门"他始终拿不定主意。一路上，他所有的注意力都放在了这首诗上，只见他眉头紧锁，时而做出"推"的手势，时而做出"敲"的动作。走在大街上的人们看到行为举止怪异的贾岛，纷纷对他指指点点，贾岛却浑然不知。也正是因为贾岛专注于这句诗的遣词，他的小毛驴冲撞了韩愈的仪仗队。当护卫将他带到韩愈面前时，贾岛才反应过来发生了什么事情。他将自己冲撞仪仗队的原因讲给了韩愈听，原本以为会受到韩愈的斥责，结果韩愈非但没有责怪他，还建议他用"敲"字。这就是现代汉语词汇"推敲"的由来。时任京兆尹的韩愈对专注诗词的贾岛很是欣赏，他还写了一首诗赠予贾岛，贾岛也因此声名大振。

正是因为贾岛专注当下，浑然忘我，全身心投入诗歌创作，才留下了很多脍炙人口的诗歌作品。他的作品在唐诗中自成一体，在晚唐时期他的诗歌受到了人们的喜爱，对当时的诗歌产生了一定的影响，他本人也被当作唐朝苦吟诗人的典型代表。

总结

虎之所以能成为王者，不仅是因为它身体庞大，动作威猛，更是因为它能够专注于当下。我们也是一样，要想成为王者，取得成功，就要有专注当下的智慧。只有在一件事上全情投入，全神贯注，才能确保自己在行动的时候少走弯路。要知道：当下即未来，只有专注于每一个当下，尽全力过好当下，才有可能获得成功，才能拥有一个闪闪发光的未来。

冷静沉着，成就非凡人生

虎道点睛

虎是森林之中的"独行侠"，当遇到猎物的时候，它们并不会表现得张牙舞爪，而是十分沉着冷静，它们会将身体伏低，慢慢地靠近猎物，找准合适的时机发动攻击，通常它们都会一击即中，让猎物没有反抗的余地。我们在遇到事情时，也要保持内心的沉着冷静，只有这样，才能够做出最正确的判断，获得非凡的人生。

我们每个人在自己漫长的一生中，总会遇到各种各样的问题和挑战，这些问题和挑战也恰恰能检验出我们的内心是否强大。很多人在面对问题和挑战的时候会变得十分冲动，失去理智，这样只会让我们自乱阵脚，让自己的境遇变得更糟糕。如果说冲动是魔鬼，那么沉着冷静就是天使，它能让我们始终保持头脑的清醒，看清问题的症结所在，找出问题的解决之道，让我们处理事情的经验更加丰富，让我们的内心变得更加强大，让我们的人生变得更加不平凡。

第八篇　虎智之道，奇策制胜

谢安折屐

谢安是东晋著名的政治家、军事家、音乐家、书法家，他不仅才华横溢、英俊潇洒，遇事还格外的沉着冷静，而且具有强大的人格魅力。

有一年，前秦君主苻坚率领八十万大军挥鞭南下，攻打东晋，晋孝武帝任命谢安为指挥使，负责战争的指挥工作。和强大的前秦军队相比，东晋只有区区八万人马，如此悬殊的差距让东晋的很多将领都惶惶不安，其中也包括谢安的亲侄子谢玄。谢玄率领的北府军被任命为这次战争的先锋，他为此感到非常焦虑。他看到谢安一脸的气定神闲，于是问道："您是不是已经有什么应对前秦的妙招了？"谢安淡定地回答道："我心中已经有了打算，你就不要再追问了。"不仅如此，他还拉着几个负责此次战争的将领下棋，大家看到谢安一副成竹在胸的样子，内心都安定了许多。晚上的时候，谢安将这些将领叫到了自己的帐中，给大家详细讲解了自己的战略部署，并告诉大家只要按照部署去行动，即使前秦的兵力是他们的十倍，他们也有获胜的可能性。谢安的话和淡定从容的态度感染到了每一名将士，他们精神抖擞，士气十足。

后来，将士们按照谢安的部署应战，果然取得了胜利。当捷报传到谢安的手中时，他正在和朋友下棋。朋友急忙问道："是什么消息呢？"谢安淡定地回复说："将士们在前线取得了胜利。"说完以后就继续下棋。等朋友离开以后，谢安压抑的激动和喜悦才表现出来，过门槛的时候，穿着的木屐屐齿断了他都没有察觉。

正是因为谢安这种泰山崩于眼前而面不改色的沉着冷静，提振了东晋将士们的士气，他们最终以少胜多，获得了淝水之战的胜利。

沉着冷静的李泌

李泌是唐朝中期的政治家和谋臣，他历经唐玄宗、唐肃宗、唐代宗和唐德宗四代君王，深受皇帝的信任和喜爱。他尊崇老庄的无为之道，为人沉着冷静，一生几次致仕，却每每在国家需要的时候都挺身而出，为唐朝的稳定和发展做出了巨大的贡献。

唐玄宗时期，年少的李泌已经表现出了卓越的政治才能，他虽然胸怀报国之志，但也明白当时的国家政局复杂，并不是好的出仕时机。于是他选择隐居在嵩山，一边研究学问，一边观察天下大势。唐玄宗后期，安史之乱爆发，唐玄宗仓皇而逃，唐肃宗在灵武即位。李泌出山为唐肃宗出谋划策，他冷静地为唐肃宗分析了当时的天下大势以及平定叛乱的关键所在，他的分析头头是道，谋略切实可行，态度沉着冷静，这让唐肃宗感觉像吃了一颗定心丸。李泌提出的联合各方势力，共同"挫其锐，解其纷"的战略战术为平定安史之乱做出了巨大贡献。叛乱平息之后，当时他已经"权逾宰相"，但他始终保持着清醒的头脑，明白功高盖主必然会招来祸患，于是他主动提出离开权力的中心，遁避衡山求道。

到了唐代宗和唐德宗时期，每次在国家需要的时候，李泌总是能站出来为皇帝排忧解难，他每次都能沉着冷静地分析国家局势，一针见血地指出问题的关键所在，不管是在朝廷做官还是在地方上任职，都始终心系国家和人民，他提出了很多行之有效的措施，为当时唐朝的政治、经济、军事的发展起到了极大的推动作用，因此他也深受皇上的信任和百姓的爱戴，官至宰辅。

李泌的一生是成就非凡的一生，也是睿智冷静的一生。不管是选择出仕还是入仕，不管是对权力的认识还是对国家大势的把控，他都

第八篇 虎智之道，奇策制胜

能始终保持沉着冷静，进退得宜，这也是他历经四朝、蒙受圣宠的原因所在。他的冷静和睿智是他留给后世宝贵的精神财富，值得我们每一个人学习。

🎓 总结

虎的冷静沉着能帮助它在面对目标的时候一击即中，成为强者，我们也应该如此。要想获得成功，要想拥有非凡的人生，就应该时刻保持冷静沉着。冷静沉着的人是睿智果敢的人，也是内心强大的人，他们有自己的想法，不会轻易被他人牵着鼻子走，他们能看透事物的本质，更能找准行动的时机。因此，他们会少走很多弯路，用更少的成本获取更大的成功。

深谋远虑，学习虎的谋略

虎道点睛

尽管虎在森林中是绝对的实力派，但它在竞争激烈的丛林中稳坐大王的宝座却并不仅是因为它的武力值，更是因为它的智谋。虎在遇到目标的时候并不是一上来就直接捕猎，它们明白这样会白白浪费很多力气，通常它们会选择智取，伺机而动。工于心计，能智取就不要蛮干是虎的谋略和高明之处，值得我们学习并应用于自己的生活中。

我们总说：靠拳头打败别人是强壮，靠头脑打败别人是强大。要想成为一个强大的人，我们就要学会使用智谋。生活中我们不难发现，如果硬碰硬的解决问题，不仅会增加做事情的成本，很多时候结局也并不如我们所愿，这并不是聪明人的处世之道。不管是在生活中还是在学习和工作中，发挥聪明才智能让我们大大节约做事成本，少走很多弯路，成功的概率也更高。因此，我们要像虎一样，善于运用谋略，成为一个有谋略的王者。

善用谋略的司马懿

在三国后期,随着诸葛亮的离世,蜀汉在很长的一段时间没有优秀的将领和强大的财力支撑北伐了,曹魏所面临的外部压力逐渐减轻。然而曹魏却并不太平,内部政权之间的争斗呈越演越烈之势。

公元239年,魏明帝曹叡病危,临终之前立曹芳为太子,并任命司马懿和大将军曹爽为曹芳的辅政大臣。曹芳继位以后,司马懿和曹爽共同主持朝政。司马懿作为四朝元老,政绩卓越,在曹魏的威望很高,在他和曹爽共同辅政的初期,曹爽对他毕恭毕敬。然而,随着时间的推移,曹爽仗着自己曹魏宗室的身份,以及手中的兵权,不再满足于共同辅政,想方设法地将司马懿的权力架空。面对实力强大的曹爽,尽管司马懿内心非常不满,却隐忍不发,他谎称自己抱病在身,索性在家休息,装作不理政事的样子,其实内心却在盘算怎样将权力重新夺回自己手中。曹爽对司马懿是否真的重病卧床心存怀疑,于是派自己的心腹李胜前去试探。李胜到了司马懿的府邸,司马懿装出一副气若游丝、有气无力的样子,成功地骗过了李胜。李胜回去之后告诉曹爽,司马懿是真的病了,且命不久矣,曹爽因此放松了对司马懿的警惕。在曹爽放松警惕的同时,司马懿紧锣密鼓地筹划着夺权的事宜。转眼之间到了新年,按照传统少帝曹芳需要前往高平陵祭祀,曹爽随行前往,司马懿苦等的机会终于来了。他带领自己的儿子司马昭和司马师发动了高平陵之变,重新掌握了权力。不久之后,他又设计诬告曹爽谋反,将曹爽一派斩草除根。正是因为司马懿的善用谋略,司马家族才能掌握曹魏实权,这也为司马炎日后代魏立晋奠定了基础。

睿智的贾诩

三国时期是一个风云变幻、沧海横流的时代，涌现出了许多英雄人物，贾诩便是其中一个。他被称为三国时期第一聪明人，一生曾先后追随董卓、张绣和曹操等人。他之所以能在乱世中几易其主却全身而退，皆是因为他足智多谋，对局势和人性的把握都十分精准。

董卓被杀之后，西凉军群龙无首，贾诩看出了李傕、郭汜等人准备四散逃亡的打算，劝阻他们说："如今局势混乱，各自逃亡只会被逐个击破，如果团结起来反攻长安，或许还有一线生机。"李傕和郭汜采纳了他的意见，集结兵力成功地攻入长安，掌握了局势。然而，到了长安以后，贾诩发现李傕和郭汜残暴无道，并不是明主，他选择离开，投入了张绣的麾下。在张绣与曹操的多次交锋中，贾诩将自己善于谋划的优势发挥得淋漓尽致。一次，曹操领兵攻打张绣，但在即将开战之际却突然撤军。张绣想要追击，贾诩劝他不要那样做。他认为曹操突然撤军肯定会对张绣的追兵加以防范，此时并不适合追击。然而张绣却一意孤行，执意带领部下追击。没多久，被曹操的军队打得灰头土脸的张绣就回来了。这时候贾诩又对张绣说，现在是追击的好时机，张绣对此表示不解。贾诩说："刚才咱们的军队被曹操打退，现在他肯定会放松警惕。"张绣恍然大悟，于是再次带兵追击曹操，果然取得了成功。后来，随着曹操的势力逐渐强大，贾诩劝张绣归顺曹操，张绣听取了他的建议。在曹操麾下任职期间，因为担心自己锋芒毕露会引起生性多疑的曹操的猜忌，他始终保持低调和谨慎。当曹操在立嗣问题上纠结的时候，聪明的贾诩以袁绍和刘表为例，含蓄地表达了自己的观点，帮助曹丕战胜曹植成为世子，他也因此在曹丕继位后受到重用。

贾诩是一个深谙谋略的人,他凭借自己的智谋在历史上留下了浓墨重彩的一笔。

🎓 总结

不管是司马懿还是贾诩,他们之所以能够在乱世之中大放异彩,有所作为,都是因为他们善于使用智谋。生活中竞争无处不在,如果我们想要在竞争中脱颖而出,拥有属于自己的一席之地,绽放属于自己的光芒,就应该不断充实自己的头脑,遇到事情学会开动脑筋,巧施妙计。如果我们能坚持学习、用心观察、勤于思考、敢于实践,一定可以拥有这样的谋略。

声东击西，制敌的奇招之法

虎道点睛

虎在动物界中拥有强大的实力，同时有着独特的生存智慧。虎在捕猎时常常会使用声东击西的方法。虎狩猎时，通常会选择潜伏在猎物经常出没的地方，耐心等待猎物靠近，然后突然发起攻击。在这一过程中，虎往往会利用周围的地形和植被作为掩护，以迷惑猎物，使其难以察觉自己的存在。这种智慧告诉我们在面对目标时，不能盲目行动，要善于运用策略，寻找最佳的攻击时机。

"声东而击西，声彼而击此，使敌人不知其所备。"在商战或体育竞赛中，我们也常常会遇到各种挑战，不能只凭借蛮力去解决，而要学会运用策略。声东击西的方法可以让我们在看似不利的情况下，找到突破的机会。通过制造假象，分散对方的注意力，从而达到自己的目的。

姜维善用奇谋，声东击西夺领地

魏景元四年（公元263年），天下战火纷飞。魏国大将军司马昭

第八篇 虎智之道，奇策制胜

安排镇西将军钟会领着十万兵马从长安出发，直奔蜀汉汉中去了。与此同时，安西将军邓艾从陇右发动攻击，目标就是沓中，想把蜀将姜维牵制在那里，给魏军的大规模进攻创造条件。

姜维在沓中，虽然拼命抵抗，但还是挡不住魏军的猛烈进攻。不过他没有放弃，在困境中找到了反击的办法。知道汉中被占后，姜维清楚直接去救汉中会被魏军包围。所以，他用了声东击西的计策。他故意放出话，说要带着大军去攻打雍州。魏将诸葛绪听到后信以为真，他怕雍州丢了会影响自己，赶紧把大部分兵力调回去守雍州，只留了少部分人坚守阴平桥。姜维趁机带着人马绕过阴平桥，改走孔函谷，快速冲向雍州，那里魏军防守很弱。

但这只是姜维计划的第一步。诸葛绪发现姜维不是真的要打雍州，这才明白自己中计了。他急忙调兵返回阴平桥，可这时候姜维已经利用这个时间差夺回了阴平桥，还把敌营给烧了，然后带着大军往剑阁赶。诸葛绪回来的时候，只能看着姜维的大军离开，一点办法都没有。

这个战例充分表明了声东击西这个计策的厉害。姜维通过制造假象，迷惑了敌人，让敌人判断失误，给自己赢得了宝贵的反击时间。他利用敌人的疏忽，然后出其不意地攻击，最后成功夺回剑阁，为蜀汉的防御增加了重要的力量。姜维的这个战术，体现了他的智慧和勇敢，也成了后世军事家学习的经典案例。在战争中，用好声东击西这个计策，常常能抢在敌人前面行动，取得意想不到的效果。

郑成功收复台湾

公元1661年，这是一个值得铭记的时刻。清朝初期，台湾岛被荷兰殖民者侵占。就在这一年，郑成功毅然站了出来，率军队进军台湾，誓要收复台湾，把侵略者赶出中华大地。

　　郑成功深知，与荷兰人正面硬拼并非良策，唯有智取。他经过仔细侦查，了解到荷兰人在台湾岛上设有两个关键据点：一个是防御坚固的赤崁城，另一个是军事核心台湾城。连接这两处的有两条航道，南航道较为宽阔，荷兰人在此部署了众多兵力进行严密防守；而北航道相对狭窄，荷兰人认为这里不会遭受攻击，所以只安排了少量兵力驻守。

　　郑成功经过深思熟虑后，决定采用声东击西的战术。他先是在南航道大造声势，派遣一些小船佯装发动进攻，同时大炮齐鸣，喊杀声震天动地，使得荷兰人误以为这里就是郑成功军队的主攻方向。荷兰人果然中计，急忙调动大量兵力全力防守南航道。

　　但实际上，郑成功真正的目标是北航道。他清楚地知道，在涨潮的时候，北航道的水位能够让大船顺利通过。于是，他在一个涨潮的夜晚，亲自带领大军，悄悄地穿过北航道，直扑鹿耳门。此时的荷兰人毫无察觉，他们的注意力完全被南航道的激烈战斗假象所吸引。

　　当郑成功的大军如同天兵天将一般出现在鹿耳门时，荷兰人才猛然惊醒，然而，此时已经太晚了。郑成功迅速对赤崁城进行包围，切断了赤崁城与台湾城之间的联系，让荷兰人陷入孤立无援的困境。经过一番激烈战斗，荷兰人最终无力抵挡，只能选择投降。

　　在收复赤崁城后，郑成功的军队士气高涨。他们乘胜追击，一鼓作气攻下了台湾城，彻底将荷兰殖民者从台湾岛赶走。这一场战役，郑成功充分运用了声东击西这一战术，展现了其卓越的军事才能。

第八篇 虎智之道，奇策制胜

🎓 总结

在商战或体育竞赛中，我们会遇到各种挑战。在面对强大的对手时，不要正面硬拼，要善于寻找对方的弱点。比如，我们可以巧妙地运用声东击西的策略，通过制造假象，故意在一个方向吸引对方的注意力，然后出其不意地从另一个方向发起攻击。我们完全可以不按常理出牌，大胆地运用声东击西这一策略，勇敢地打破常规，从而为自己创造出有利的局面。只有这样，当我们处于困境之时，才能够找到出路，进而一步一步地实现自己的目标。

创造机会，出奇制胜讲策略

虎道点睛

虎在森林中是令人畏惧的存在，有时候，它会采用一些策略来捕猎。比如，当它发现猎物后，可能会故意在一个地方制造一些声响，让猎物误以为危险来自那个方向，从而将注意力转移过去，而虎则趁机从另一个方向悄悄靠近。虎的这种无中生有的策略，其实是利用了猎物的心理弱点，让它们陷入恐慌中。这种智慧告诉我们，在面对挑战时，我们也可以尝试创造一些机会，从而出奇制胜。

在生活中，我们常常会遇到各种困境，有时候常规的方法可能无法解决问题。这时，我们就需要发挥创造力，运用策略，制造一些机会或者创造一些新的条件，来打破僵局。这需要我们有敏锐的洞察力和灵活的思维，能够准确地把握时机，出其不意地行动。采用主动出击的策略，通过创造出原本不存在的条件，让自己处于主导地位。

第八篇 虎智之道，奇策制胜

张巡出奇制胜守雍丘

公元755年，安史之乱爆发，国家陷入一片混乱。在这个动荡的时期，张巡出奇制胜固守雍丘的故事令人印象深刻。

那时，叛军来势汹汹，张通晤等将领接连攻陷宋州、曹州等地。谯郡太守杨万石畏惧叛军强大，打算投降，还想拉张巡一起投降，但张巡坚决不从，决心抵抗到底。

张巡与单父县尉贾贲在雍丘会合，虽然兵力有限，但士气高昂。没多久，雍丘就被叛军将领令狐潮盯上，他率领大军前来围攻。张巡巧妙部署兵力，多次击退叛军的进攻。然而，令狐潮并不罢休，又联合叛将李廷望，带着更多的兵力再次攻城。面对敌众我寡的不利局面，张巡利用城中有限的资源，再次成功挫败叛军的攻城计划。

长时间的围困让雍丘城中的粮草日益减少，朝廷的援兵也迟迟未到。令狐潮趁机写信劝降张巡，还策反了张巡的六名部将去劝降。张巡十分机智，表面上答应投降，暗地里鼓舞士气，同时诛杀了那六名叛徒，进一步激发了城中军民的斗志。

此时，又一个难题摆在面前，箭矢短缺。张巡苦思冥想，终于想到一个办法。他让将士们把禾秆扎成草人，穿上黑衣，晚上用绳子吊下城去。叛军以为守军要偷袭，纷纷射箭。就这样，张巡收获了大量的箭矢，解了燃眉之急。

后来，张巡多次用草人迷惑叛军。叛军识破后不再射箭，而这正是张巡所期望的。他趁机组织敢死队，趁着叛军松懈，突袭叛军军营。在一个漆黑的夜晚，五百名敢死队员在城下悄悄集结完毕。令狐潮的军队没有在意，也没有射箭。敢死队趁机杀入敌军军营，叛军大乱，纷纷烧掉营垒逃跑。张巡率领守军出击，大败令狐潮，迫使其退到数十里外驻扎。

张巡的故事告诉我们，在战场上，智慧和策略比单纯的武力更管用。只有会用奇招，才能在逆境中获胜。

张仪戏耍楚怀王

战国时期，秦国凭借强大的兵力，傲视群雄，成为七雄之首。而地理位置优越的齐国和国土辽阔的楚国，自然成了秦国的眼中钉。为了应对秦国的威胁，齐楚两国携手结盟，共同抵御外敌。这样一来，秦国一时之间还真拿这两个国家没有办法。

秦国的相国张仪认为齐楚联盟并非坚不可摧，只要巧妙离间，就能各个击破。秦王便派他前往楚国，执行这一离间大计。

张仪知道楚怀王是个目光短浅之人，便带着丰厚的礼物，假意与楚怀王交好。他说道："秦国打算攻打齐国，为了减少压力，愿意把商于六百里的土地赠送给楚国。但前提是，楚国必须断绝与齐国的联盟。"楚怀王一听，高兴得合不拢嘴，不顾众大臣的反对，欣然答应了张仪的要求。

随后，楚怀王派遣逢侯丑与张仪一同前往秦国签订条约。可就在二人即将进入咸阳时，张仪却假装喝醉酒，从马车上摔下来受了伤，借机回家养伤去了，留下逢侯丑一人在驿站。逢侯丑连续几天都见不到秦王，只能上书请求履行诺言。秦王回信说："秦楚两国已有约定，本王定会履行承诺，但前提是楚国要与齐国断绝来往。"

楚怀王得知消息后，并未多想，直接派使者去大骂齐王。这一骂，齐楚两国的联盟就彻底瓦解了。而这时，张仪的"病"也奇迹般地好了。他与逢侯丑见面时，假装惊讶地说："你怎么还没回到楚国啊？"逢侯丑说："秦王还没有把商于之地送给楚国。"张仪却轻

第八篇 虎智之道，奇策制胜

描淡写地说："这件小事，我自己就能决定，不过就是奉邑六里而已。"逢侯丑一听，大吃一惊，说："不是说是商于六百里吗？"张仪却狡黠地笑道："你们听错了，我一直说的都是奉邑六里。"

逢侯丑无奈地回到楚国，将事情经过告知楚怀王。楚怀王听后，勃然大怒，立即发兵攻打秦国。可他万万没想到，在他大骂齐王后，秦齐两国已经在暗中结盟了。最终，在秦齐两国的围攻下，楚国大败，只能割地求和。

总结

在面对强大的对手时，不要害怕，要善于运用策略，比如制造一些信息差来迷惑对方，从而为自己争取有利的局面。同时，我们应明白，在生活中遇到困难时，要敢于创新，勇于尝试不同的方法，才能找到解决问题的途径。

篇末总结

　　虎在捕猎时，全神贯注，专注于每一个细节，这种专注力让它们能够精准捕捉猎物。生活中，我们也应学会专注当下，把握生命中的每一个瞬间，从中汲取智慧与力量。

　　面对猎物，虎总是冷静沉着，不被外界干扰，这种心态让它们能够冷静应对，做出最佳决策。同样，在人生中遇到挑战时，我们也要保持冷静，不被情绪左右，用理智去应对每一个难题，从而成就非凡的人生。

　　虎是丛林中的智者，它们善于观察，用策略捕捉猎物。在生活和工作中，我们也要学会观察和思考，用智慧去解决问题，从而提升自己的竞争力。

　　虎在捕猎时，常常采用一些战术，迷惑对方，然后一举制敌。这种办法也可以让我们在竞争中找到突破口，用出其不意的方式击败对手。

　　虎不仅善于利用现有条件，还能创造机会，出奇制胜。在人生的道路上，我们也要学会这种策略，用创新思维去开拓新的领域，创造新的机会，让自己在竞争中脱颖而出。虎智之道，奇策制胜，让我们在人生的舞台上，用智慧书写属于自己的传奇。

第九篇

虎韵新辉，启耀征程

　　虎的精神，代表着勇气、决心和不懈的追求。它不畏艰难，勇往直前，用自己的行动诠释着什么是真正的力量与辉煌。而我们也应该像这虎一样，带着坚定的信念，开启属于自己的光辉征程，迎接每一个挑战，创造属于自己的辉煌。

应变思考，智慧破局

> **虎道点睛**
>
> 虎，作为森林之王，不仅以其威猛的力量著称，更以其超凡的适应能力和狩猎智慧而闻名。它们能在瞬息万变的环境中迅速做出判断，无论是潜伏等待最佳出击时机，还是巧妙利用地形逃脱追捕，都展现出了极高的应变能力和智慧。

在人生的旅途中，我们也应该像虎一样。面对困难和挑战，首先要做的是保持冷静，不被眼前的困境所吓倒，而是静下心来，观察分析，寻找问题的根源和解决方案。这种冷静不是冷漠无情，而是一种内在的定力，是在纷扰中保持清醒，不被情绪左右的能力。接下来，就是运用智慧去破局。智慧不仅是指书本上的知识，更包括了对生活的理解、对人性的洞察以及在关键时刻做出正确决策的能力。有时候，直接面对问题可能并不是最佳策略，适时地绕个弯，换个角度去思考，或是借鉴他人的经验，都能帮助我们找到新的出路。就像虎在狩猎时，会利用环境，隐藏自己的行踪，耐心等待最合适的时机，一举成功。

望梅止渴

一代枭雄曹操留下了诸多传奇故事,其中"望梅止渴"便是展现他智慧与领导力的佳话。

有一年夏天,曹操带领大军出征。长途跋涉之下,士兵们疲惫不堪,加之水源稀缺,大家都口干得喉咙冒烟,士气逐渐下降,行军速度也慢了下来。

曹操看到这一情况,心里非常着急。他明白,如果不及时解决士兵们的口渴问题,不仅会拖慢行军速度,还可能导致士气崩溃,影响整个战斗计划。于是,曹操骑在马上,眉头紧锁,苦思冥想解决办法。

突然,他的脑海中闪现出一个念头。他回忆起自己曾在某个地方见过梅子树,那些梅子酸甜可口,十分诱人。想到这里,他突然心生一计。

他勒住马缰绳,站在高处,手指前方,高声对士兵们说:"前面有一片梅林,梅子又酸又甜,大家加把劲,很快就能到那里解渴了!"士兵们一听这话,立刻振作精神。他们想象着梅子的美味,口中仿佛已经分泌出了唾液,似乎真的尝到了梅子的味道。

在曹操的鼓舞下,士兵们士气高涨,忘记了口渴和疲惫,加快了脚步。曹操则率领大军继续前行,一路上,士兵们都满怀期待,好像那片梅林就在眼前。

虽然士兵们最终并没有真的到达梅林,但曹操的这一招成功地激发了他们的斗志,稳定了军心。曹操凭借自己的聪明才智,在困境中找到了解决问题的办法,为大军的顺利前行和后续的战斗行动打下了基础。

"望梅止渴"这个故事,不仅显示了曹操的机智,也成为人们传颂的经典,鼓励人们在遇到困难时,要善于动脑筋,用智慧去克服困难。

完璧归赵

战国时期,赵王得到了一块极其宝贵的玉石,名叫"和氏璧"。秦王得知此事后,便派使者告诉赵王,他愿意拿十五座城池来换这块玉石。赵王心里直犯嘀咕:"秦王这人一向爱占小便宜,这次怎会如此大方?不答应吧,怕秦国来攻打我们;答应吧,又怕被骗。"赵王和手下的大臣们商量了好久,也没想出什么好办法。这时,蔺相如知道了这件事,就对赵王说:"大王,让我带着和氏璧去见秦王吧,我会随机应变的。要是秦王不肯换,我一定把玉石原封不动地带回来。"赵王了解蔺相如既勇敢又机智,就答应了。

蔺相如到了秦国,秦王在宫殿里接见了他,并接过和氏璧仔细地看,还拿给大臣和妃子们一同观赏。蔺相如在一旁等了好久,秦王都没提到换城的事,他明白秦王没有诚意。可是玉石在秦王手里,怎么才能拿回来呢?他想了想,想出了一个办法。

蔺相如走上前,对秦王说道:"这和氏璧虽然珍贵,但有一个小瑕疵,让我指给大王您瞧瞧。"秦王一听有瑕疵,连忙叫人把玉石递过来。蔺相如接过玉石后,退到柱子旁边,一脸怒气地对秦王说:"大王您派使者来说愿意用十五座城池来换玉,可您接了玉之后,看了又看,还拿给大臣和妃子们看,就是不提换城池的事。看来您根本没有诚意。现在玉在我手里,您要是硬抢,我就和玉一起撞死在这柱子上!"说着,他就高高举起玉石要撞上去。

秦王生怕玉石被撞碎,连忙赔礼道歉,还假惺惺地拿出地图,说要把十五座城池划给赵国。但蔺相如心里明白秦王爱使诈,就说:"这玉可是天下闻名的宝贝,赵王送它来时,斋戒了五天,还举行了隆重的仪式。大王您要接受它,也应该这样做才显得有诚意。"秦王没办法,只好答应了。

然而,蔺相如并没有真的把玉交给秦王,而是暗中派人把玉送回了赵国。后来秦王知道了,但已经来不及了,想要攻打赵国又担心打不过。最后,秦王见蔺相如既聪明又勇敢,是个难得的人才,就放他回赵国去了。

总结

像虎一样,用应变思维去应对生活中的每一次挑战,用智慧去破解一个个看似无解的局。在这个过程中,我们不仅能够成长,更能发现生活的美好与无限可能。记住,无论遇到多大的困难,只要心中有光,脚下就有路。让我们带着勇气和智慧,勇敢地走出舒适区,去探索、去创造、去拥抱更加精彩的人生吧!

张弛有度,找到平衡点

虎道点睛

虎捕猎时展现出的不仅是勇猛,更是一种深藏不露的智慧——张弛有度。这种智慧告诉我们,无论是面对生活还是工作,我们都应该学会找到那个微妙的平衡点,既不过度紧张,也不一味松懈,就像虎在狩猎时,既能迅猛出击,又能耐心等待最佳时机。

虎在丛林中潜伏,它不会盲目地四处奔跑,消耗体力,而是耐心等待,观察猎物的动向,直到找到那个一击必中的机会。这便是"弛"的智慧,它教会我们在面对挑战时,不必急于求成,而是要学会冷静思考,耐心等待,寻找最佳解决方案。

然而,当机会来临时,虎会毫不犹豫地发起攻击,展现出惊人的速度与力量,这便是"张"的勇气。在人生的道路上,我们同样需要这样的勇气,敢于面对困难,勇于承担责任,不畏挑战,勇往直前。但真正的智慧在于,如何在"张"与"弛"之间找到那个平衡点。

魏征劝谏

魏征是唐太宗时期的一位大臣,他因为敢于直接说出自己的想法和建议而闻名。唐太宗李世民凭借出色的领导能力,创造了被称为贞观之治的繁荣时期。而魏征,在这个过程里起到了非常关键的作用。

一开始,魏征是太子李建成的助手,他多次建议李建成先行动,消除李世民这个威胁。玄武门之变后,李世民没有因为过去的事情而记恨魏征,反而非常看重他,给了他重要的职位。魏征被李世民的宽广胸怀和重视人才的态度深深打动,决定全心全意为这位明智的君主效力。

在朝廷上,魏征总是勇敢地直接提出自己的意见。每当唐太宗做出不太好的决定时,魏征就会站出来,告诉皇帝他做错了。不过,魏征并不是一味强硬地给皇帝提意见。他深知皇帝需要尊重,也明白提意见得讲方法和看时机。所以,在劝谏时,他会根据不同情况,巧妙地表达出自己的看法。有时,他会引用历史故事,婉转地提醒唐太宗;有时,他会私下找唐太宗聊天,用平和的语气提出建议。

比如说,有一次唐太宗因为一件小事生气,想要处罚一个大臣。魏征没有当场反驳,而是等唐太宗冷静点后,私下找他,告诉他"因为生气就杀人,是不对的"。唐太宗听后,马上明白了自己犯的错误,不仅没有处罚那位大臣,还夸魏征聪明勇敢。

魏征在劝谏时,既能让唐太宗知道问题的严重性,又不会让皇帝面子挂不住。所以,唐太宗很愿意听从他的意见,不断改正自己。在魏征的帮助下,唐太宗成了中国古代非常出色的皇帝。

羊祜的怀柔政策

羊祜是西晋时期的一位杰出将领,他凭借出色的军事本领和高超的政治智慧，在守卫荆州期间，为西晋完成统一大业立下了大功。

荆州地处东吴和西晋之间，战略位置非常重要。羊祜身为荆州的都督，深知自己责任重大。他一方面积极准备打仗，训练士兵，凭借军队对东吴施加压力。他经常亲自去军营查看，关心士兵的生活和训练。他还制订了严格的训练计划，提升士兵的战斗能力。同时，他还忙着准备粮食和物资，加固城墙，为战争做好万全的准备。

但羊祜可不是只知道打仗的粗人。他明白，战争只会给百姓带来伤害和痛苦，真正的统一得靠和平的方式来实现。所以，他另一方面也采取了温和的政策，和东吴的百姓和睦相处，赢得了他们的心。羊祜下令，西晋的军队不能骚扰东吴的百姓，如果谁违反了，就严厉惩罚。他还经常派使者去和东吴的百姓交流，了解他们的生活，帮助他们解决困难。在边境上，羊祜还设立了市场，让东吴和西晋的百姓可以互相买卖东西。这样的友好政策，让东吴的百姓对西晋军队的看法慢慢改变了，他们开始感受到来自西晋的善意和温暖。

在羊祜的努力下，荆州地区变得越来越稳定。西晋军队的力量越来越强，东吴的百姓也越来越认同西晋。最后，在羊祜对荆州的经营基础上，西晋成功地打败了东吴，完成了国家的统一。羊祜在打仗和和平之间找到了一个平衡点，为西晋的统一打下了坚实的基础。

总结

张弛有度，找到平衡点，意味着我们做事要有张有弛，不要一味蛮干，还意味着我们要学会接受自己的不完美，不必过分苛求。每个人都有自己的长处和短处，只有接受自己的不足，才能更好地发挥自己的优势。

保持清醒，不被假象迷惑

虎道点睛

在自然界中，虎以其敏锐的观察力和冷静的判断力著称，它们总能在复杂多变的环境中，迅速捕捉到猎物的动向，精准出击，一击即中。这种能力，不仅是因为它们拥有强健的体魄和锋利的爪牙，更重要的是，它们能够保持清醒的头脑，不被表面的假象所迷惑。

假象，就像是丛林中的迷雾，看似美丽，实则危险重重。它可能是一条看似诱人的捷径，让你误以为可以轻松达成目标，结果却让你陷入困境；也可能是一个虚假的承诺，让你对未来充满期待，最终却发现只是一场空欢喜。因此，面对生活中的种种诱惑和陷阱，我们必须保持警惕，学会透过现象看本质，不被假象所迷惑。

三人成虎

《战国策》中记载了这样一个故事：

魏国的大臣庞葱和魏国太子一起要被送到赵国做人质。出发前，庞葱问了魏王一个问题:"如果有人对您说,他在热闹的市集里看到了一只老虎,您会相信吗?"

魏王回答说:"我当然不会相信。"

庞葱接着问:"如果有两个人对您说同样的话呢?"

魏王说:"那我还是不相信。"

然后庞葱又问:"如果三个人都说他们亲眼在市集里看到了老虎,您还会不相信吗?"

魏王说:"如果这么多人都这么说,那肯定是真的,所以我不得不相信。"

庞葱说:"很明显,集市上是不可能出现老虎的,但是一旦有三个人这么说,就好像集市上真的有了老虎一样。现在赵国都城邯郸离我们魏国都城大梁的距离,比王宫到街市的距离远多了,而且可能会说我坏话的人,也不止三个。希望大王您能明辨是非,不被误导啊。"

魏王回答说:"这些我心里都有数,你就安心地去吧。"

庞葱离开后,一些平时不喜欢他的人,开始在魏王面前编造他的坏话。日子久了,魏王竟然真的相信了这些谣言。

等到庞葱从邯郸回到魏国,魏王却不再愿意见他。由此可见,谣言的力量真是可怕,谣言足以毁掉一个人的名声。

鲁国少人才

鲁哀公对前来拜访的庄子感慨地说:"我们鲁国的儒士很多,但像先生这样从事道术的人却很少见。"

庄子听了鲁哀公的话,却不这么认为,说道:"别说从事道术的人少,就连真正的儒士也不多。"

鲁哀公有些不解，反问庄子："你看鲁国上下，几乎人人都穿着儒士的衣服，能说鲁国缺少儒士吗？"

庄子毫不客气地分享了自己在鲁国的观察："我听说，儒士中戴圆帽的懂天文，穿方鞋的通地理，系五彩丝带和玉玦的遇事果断。"看到鲁哀公听得认真，庄子接着说道："其实，真正有学问的儒士，平时不一定穿儒士的衣服，穿儒士衣服的人也不一定真有学问。"

他向鲁哀公建议："如果您觉得我的判断有误，可以在全国发布诏令，让所有没有真本事却冒充儒士、穿着儒服的人都受到惩罚，甚至处死！"

鲁哀公接受了庄子的建议，并在全国范围内张贴了这个命令。但仅过了五天，鲁国上下就再也看不到穿儒服的人了。只有一个男子，穿着儒服站在国公府门前。鲁哀公见这个人气质不凡，就用国家大事来考验他，问题一个接一个，变化多端，但对方回答得又快又好，显然是个学识渊博的人。

庄子得知在发布命令后，只有这一个儒士被鲁哀公召进宫来回答问题。于是他说："鲁国这么大，却只有一个真正的儒士，这能说是人才众多吗？"

🎓 总结

要保持清醒的头脑，首先需要有坚定的信念和明确的目标。其次，需要培养敏锐的观察力和准确的判断力。当然，保持冷静和拥有耐心也是非常重要的。我们要像虎一样，耐心等待最佳时机，然后在最合适的时机果断出击。

忠诚负责，勇于担当

虎道点睛

虎作为森林之王，它不仅以其强大的力量守护着自己的领地，更以不屈不挠的精神面对每一次挑战。同样，忠诚负责的人，无论身处何种环境，都能像虎一样，坚守自己的职责，不逃避、不推诿，用实际行动诠释着责任与担当。

忠诚，是对自己选择的坚信，是对他人信任的回报。它像一根无形的纽带，连接着人与人之间的情感与信任。在工作中，忠诚的员工会为公司的利益着想，即使面临困难也不离不弃，因为他们深知，个人的成长与公司的命运紧密相连。在家庭中，忠诚的伴侣会风雨同舟，共同面对生活中的起起落落，因为他们的心中装满了对彼此的爱与承诺。

负责，则是将责任扛在肩上，无论大小事务，都力求做到最好。它要求我们在面对问题时，不逃避、不敷衍，而是积极寻求解决方案，勇于承担责任。就像一位优秀的领导者，在面对企业危机时，他会第一时间站出来，分析问题，制定策略，带领团队共渡难关。这种负责的态度，不仅能够赢得他人的尊重与信任，更能激发团队的凝聚力与战斗力。

忠臣诸葛亮

诸葛亮是三国时期蜀汉的丞相，是一名出色的政治家和军事家。诸葛亮曾经隐居在隆中，后来，刘备三顾茅庐，用真心打动了他，他便决定出山帮助刘备。从那以后，他就把自己的一生都献给了蜀汉。

诸葛亮帮刘备分析天下的形势，提议他先拿下荆州作为根据地，然后再攻占益州，这样就可以形成三国鼎立的局面。紧接着，只要耐心等待机会，就可以北伐中原，恢复汉朝的统治。在诸葛亮的帮助下，刘备成功占领了荆州和益州，建立了蜀汉政权。后来，刘备对东吴发动了夷陵之战，却遭遇失败，不久后就在白帝城去世了。临终前，刘备把自己的儿子刘禅托付给了诸葛亮。

刘禅继位后，诸葛亮被封为武乡侯，领益州牧，主持朝政。诸葛亮治国很有办法：一方面他用法律来管理国家，让国家变得更有秩序；另一方面，他还努力发展经济，改善老百姓的生活，还加强了各民族之间的团结。对外呢，他和吴国联手对抗魏国，同时积极准备北伐，想要打败魏国，统一中原。

为了这个北伐的目标，诸葛亮前后五次亲自带兵去打仗。他带着大军深入到敌人的地盘，和魏军打得非常激烈。在打仗的时候，诸葛亮还发明了一些好东西，如木牛流马和诸葛连弩。他还很会挑人用人，培养出了很多优秀的将领和官员，他们后来都为蜀汉的稳定和发展做出了很大贡献。

但是，诸葛亮的北伐最后还是没有成功。因为他工作太辛苦了，身体累垮了，最后在五丈原病逝。他去世前还在为蜀汉的未来操心，把后事都安排好了。诸葛亮一生都在为蜀汉付出，是一个特别忠诚、有担当的人。

北京城保卫战

公元1449年，明朝发生了一件震惊朝野的大事——明英宗亲率大军北伐，却在土木堡败于蒙古瓦剌军队，结果明英宗不幸被俘，这就是历史上有名的"土木之变"。消息传到京城，后宫一片慌乱。

面对这突如其来的变故，为了稳定人心，皇太后决定让郕王朱祁钰暂时代理国事，并召集满朝文武商议对策。但大臣们意见纷纷，有的主张南迁避难，有的则坚持守卫京城。在这关键时刻，一位名叫于谦的大臣挺身而出，他坚决主张坚守京城，并主动请缨，承担起了保卫京城的重任。

于谦迅速行动起来，他一边调集兵马，加强京城的防御；一边整顿内部，清除瓦剌军的奸细。他深知，只有内部团结一致，才能抵御外敌。同时，他也明白，明英宗被俘，国家不能一日无君，于是他力劝太后立朱祁钰为帝，以稳定大局。在太后的支持下，朱祁钰即位，称为明代宗，而被俘的明英宗则被尊为太上皇。

瓦剌首领也先见明朝不肯屈服，便假装要送回明英宗，实则想趁机攻打北京。十月，瓦剌大军迅速逼近北京，在西直门外安营扎寨。面对强敌压境，于谦毫不畏惧，他召集将领们商议对策，并亲自率军驻守德胜门外。他下令关闭城门，表明有进无退的决心，并立下严规：将领若带头逃跑，一律斩首；士兵不听指挥逃跑，后军有权督斩。于谦的勇气和决心深深感染了将士们，他们士气高昂，誓与瓦剌军决一死战。

与此同时，四面八方的明军接到朝廷号令，纷纷赶来增援。城外的明军人数激增，竟达到22万之多，他们严阵以待，准备迎击瓦剌军。也先接连发起几次猛攻，但都被明军英勇地击退。城外的百姓也自发组织起来，他们爬上屋顶和墙头，用砖瓦向敌人投掷，为明军助威。

经过五天五夜的激战，瓦剌军伤亡惨重，也先见势不妙，担心被明军抄后路，只好带着明英宗和残兵败将仓皇逃窜。于谦指挥明军乘胜追击，又消灭了一批瓦剌士兵。北京城的保卫战取得了辉煌的胜利，于谦用他的忠诚和责任心，成功挽救了明朝的危局。

总结

忠诚负责，勇于担当，这不仅是一种品质，更是一种生活态度。它教会我们在人生的旅途中，无论遇到多少风雨，都要保持内心的坚定与勇敢，用实际行动去证明自己的价值。当我们每个人都能够成为这样的人时，社会将会变得更加和谐，国家将会更加强大，而我们每个人的生活，也将因此变得更加充实与美好。

自信绽放，勇敢展现自己

> **虎道点睛**
>
> 自信，是内心深处的一把火，它燃烧着对自我的肯定与信任。就像虎在丛林中漫步，那份从容不迫、无所畏惧的姿态，正是源自对自身强大能力的深刻认知。我们每个人都有属于自己的"丛林"，那就是我们的生活、工作或是梦想的舞台。在这个舞台上，自信让我们敢于面对挑战，勇于尝试新事物，即使遇到困难和失败，也能从中汲取力量，再次站起来。

真正的自信不是从不跌倒，而是在每次跌倒后都能微笑着站起来，继续前行。勇敢展现自己，则是将这份自信转化为行动的力量。虎之所以令人敬畏，不仅因为它的力量，更在于它敢于展现自己的王者风范。同样，我们在人生的旅途中，也应该勇敢地站出来，用我们的才华、热情和善良去影响这个世界。不要害怕被看见，更不要担心自己的光芒会刺痛别人的眼睛。因为，每个人都是独一无二的，你的光芒，正是这个世界所需要的色彩。

第九篇 虎韵新辉，启耀征程

东方朔自荐进谏

西汉时期，有一位名叫东方朔的才子，他出生在山东的一个小地方。东方朔不仅聪明，而且口才了得，擅长写诗作文，尤其以他的幽默诙谐闻名于世。那时候，西汉王朝正处于鼎盛时期，国家富强、百姓安乐，但东方朔却觉得，自己这一身本事，如果不拿出来为国家做点贡献，那真是太可惜了。

于是，东方朔决定，他要亲自向皇帝展示自己的才能。这可不是一件容易的事，因为皇帝可不是谁都能见到的。但东方朔有办法，他写了一封自荐信，这封信可不一般，里面详细列出了他的家世、成长经历，还有他惊人的记忆力——从十三岁开始学字，到十九岁精通兵法，总共能背诵四十四万字的诗书、兵书！他还说，自己身材高大，勇猛敏捷，廉洁守信，简直就是天子大臣的最佳人选。

东方朔的自荐信，成功地吸引了汉武帝的注意，让他得以被重用。汉武帝任命他为常侍郎，让他随侍在侧，无论是巡游打猎还是日常议事，都能随时听候差遣。东方朔还会根据皇帝的所见所闻，创作赋、颂来歌颂皇恩浩荡。他的言谈举止和文章作品，总是带着一股幽默风趣、不拘小节的劲儿，这让汉武帝十分欣赏。虽然他的表达方式显得轻松诙谐，但其中蕴含的观点却十分深刻且犀利。他不像其他大臣那样一味地迎合皇帝，而是敢于直言不讳地表达自己的看法，这一点尤为难能可贵。有一次，汉武帝想扩大林苑，方便自己打猎，结果骚扰了百姓。东方朔不干了，他直接对皇帝说："历史上这样的教训还少吗？殷商因为建市场，诸侯反了；楚王因为修台子，百姓散了；秦始皇因为盖宫殿，天下乱了。陛下这样做，难道不怕重蹈覆辙吗？"汉武帝一听，觉得有理，就收敛了许多。东方朔也被拜为太中大夫。

毛遂自荐

战国时期,有个叫毛遂的人,在平原君赵胜的手下做门客。那时候,秦国和赵国正在打仗,秦军大获全胜,把赵国的都城邯郸团团围住。

赵王眼见赵国情况危急,平原君奉赵王之命去楚国求援。出发前,他想从门客中挑选二十个文武双全的人一起去,但挑来挑去都只有十九个人。这时,毛遂站出来,对平原君说:"我虽然不才,但愿意和您一起去。"

平原君看着这个平时默默无闻的毛遂,淡淡地说:"有才能的人就像口袋里的锥子,尖头总会露出来,让人一眼就能看出他的不凡。但你在我门下三年了,我从来没听到过有人夸你,这显然是因为你没什么才能。我今天带的人都是能帮上忙的,你还是留在家里吧。"

毛遂听了平原君的话,从容不迫地回答:"我之所以还没露出锋芒,是因为我一直没被放进那个'口袋'里。如果今天我能有机会进去,那不仅是锥尖露出来那么简单,我的整个锋芒都会显现出来的。"

平原君听了毛遂的话后,有点惊讶,再一打量,觉得毛遂气度不凡,说话也很有气势,肯定不是普通人,就决定带他去楚国。到了楚国,楚王只让平原君一个人进去见他,两人从早上谈到中午,也没有进展。就在这时,毛遂突然自己走了进来,大声说:"出兵的事,要么有利,要么有害,这么简单明了,怎么还不决定呢?"楚王很生气,问道:"这是谁?怎么不经允许就闯进来大喊大叫。"平原君也吓了一跳,说:"这是我的门客毛遂。"楚王马上让毛遂出去。但毛遂不理楚王的责骂,走近楚王,手按在剑上说:"现在我在大王十步之内,大王的命就在我手里!出不出兵,快点决定!"楚王被毛遂震

第九篇　虎韵新辉，启耀征程

愣住了。毛遂这时把出兵帮赵国对楚国的好处一一说了出来，楚王听完，对毛遂的智勇非常佩服，马上答应出兵。几天后，楚、魏等国联合出兵帮助赵国，秦军撤退，赵国化险为夷。平原君从此把毛遂当作上宾，他对毛遂说道："这次能成功，全靠毛先生有勇有谋，让楚王不敢小看赵国，才肯出兵。"从此，"毛遂自荐"就成了一个典故流传了下来。

总结

展现自己，并不意味着要刻意张扬或炫耀，而是以一种自然、真诚的方式，让周围的人感受到你的存在和价值。这可以是工作中的一次创新提案，也可以是生活中对朋友的一次温暖关怀，抑或是面对困难时那份不屈不挠的精神。每一次真诚的展现，都是对自己的一次肯定，也是对他人的一种鼓舞。

勇于探索，变大变强

虎道点睛

勇于探索，是虎的天性。它们不会因为前方是未知的领域就停下脚步，反而会更加兴奋地向前迈进。在探索的过程中，虎会遇到各种各样的挑战，比如陡峭的山峰、湍急的河流，甚至是凶猛的竞争对手。但正是这些挑战，锻炼了虎的体魄，磨砺了它们的意志，使它们变得更加强大。

在人生的道路上，我们也应该像虎一样，勇于探索未知的世界。不要害怕失败，因为每一次失败都是一次宝贵的学习机会。不要畏惧挑战，因为每一次挑战都是一次自我超越的契机。只有勇敢地迈出第一步，我们才能发现更广阔的天空，才能遇见更优秀的自己。

在探索的过程中，我们需要学会适应。就像虎在丛林中需要适应不同的环境，我们也需要在人生的旅途中不断调整自己的步伐和心态。面对困难和挫折，我们要保持冷静和乐观，用积极的心态去面对问题，去寻找解决方案。同时，我们还要学会从失败中吸取教训，不断提升自己的能力和智慧。

郑和下西洋

明朝初年，云南昆阳州诞生了一个男孩。他的童年并不平静，因为明朝军队攻入云南，将他带入了军营，后来还成为太监，送入燕王朱棣府中做奴仆。

在朱棣身边，男孩凭借才华和勇气获得了赏识。成年后，他追随朱棣四处征战，屡建奇功。朱棣即位后，更是赐他姓"郑"，改名为"郑和"，这也标志着他的人生开启了新的篇章。

郑和心中有一股勇于探索的劲头。他自幼学习航海知识，又在朱棣的支持下，参与了多次航船的建造，积累了丰富的造船经验。这些准备，都是为了一个更大的梦想——下西洋，去探索未知的世界。

1405年，郑和终于迎来了这个机会。他率领庞大的船队，从明朝的国都出发，踏上了下西洋的征途。第一次下西洋，他们就遇到了不小的挑战。在爪哇岛，郑和等人被误认为是敌对势力的援军，遭到了袭击，一百七十名明朝士兵战死。但郑和以大局为重，选择了和平解决此事，赢得了爪哇岛百姓的感激和尊敬。

这次事件的处理，为郑和之后的远航开了个好头。他先后七次下西洋，途经东南亚、印度洋、非洲等地，足迹遍布了三十多个国家和地区，最远抵达了红海沿岸和非洲东海岸。每一次远航，都是一次未知的探险，都是对郑和勇气与智慧的考验。

在远航的过程中，郑和不仅展示了明朝的强大国力，还加强了与海外各国的联系。他带去了明朝的金银财宝、布帛、香油等物，也带回了各国的文化和特产。这些交流，让中国的美名传遍了亚洲和非洲各国，也让郑和成为世界历史上最伟大的航海家之一。

郑和的每一次远航，都充满了挑战和危险，但他从未退缩，始终保持着勇于探索的精神。他相信，只有走出去，才能看到更广阔的世界；只有勇于尝试，才能创造更多的可能。

商鞅变法

在战国时代，秦国偏居西部，曾一度被诸侯国轻视，视为夷狄。然而，这一切在秦孝公即位后，悄然发生了改变。这位年仅二十一岁的国君，怀揣着让秦国变大变强的梦想，决心改写秦国的命运。

秦孝公深知，要振兴秦国，必须吸引贤才。于是，他张贴告示，广招天下英才，并许下重诺："谁能出奇计让秦国强大，我就封他为高官，与他共享秦国土地。"这则告示，像一颗石子投入了平静的湖面，激起了层层涟漪。

在卫国，有一位名叫公孙鞅的年轻人，他自幼钻研法学，渴望在某一天一展抱负。然而，在卫国，他的才华并未得到赏识。当公孙鞅听到秦孝公的招贤令后，毅然决定离开卫国，前往秦国。公孙鞅到达秦国后，通过秦孝公的宠臣景监的引荐，三次面见秦孝公，最终用霸道之策打动了秦孝公的心。

公孙鞅向秦孝公提出了废井田、重农桑、奖军功、统一度量衡和推行郡县制等一系列变法策略。秦孝公听后，大为赞赏，决定让公孙鞅主持变法。然而，变法之路并不平坦，旧贵族们纷纷提出反对意见。但秦孝公坚定地站在公孙鞅这边，支持他推行变法。

为了让百姓相信变法，公孙鞅在南门竖起了一根木头，并承诺谁能将木头搬到北门，就赏他十金。起初，百姓们都不相信，直到公孙鞅将赏金提高到五十金，才有人敢于尝试。当这个人真的将木头搬到北门并得到赏金后，百姓们才开始相信公孙鞅的话，变法法令也得以顺利推行。

第九篇　虎韵新辉，启耀征程

公孙鞅的变法内容广泛而深刻，他废除了井田制，推行土地私有；重视农业，抑制商业；统一度量衡，方便交易；奖励军功，打破世卿世禄制；推行县制，加强中央集权。在变法过程中，公孙鞅不畏权贵，依法严惩了犯法的太子老师，赢得了百姓的尊敬和信任。

经过几年的变法，秦国发生了翻天覆地的变化。百姓生活富足，社会治安良好，军队战斗力大幅提升，国势蒸蒸日上。诸侯国开始对秦国刮目相看，秦孝公也将公孙鞅封为大良造，并赐予他商地十五个采邑的封地，号"商君"。

总结

变大变强，是我们探索的目标。这不仅意味着身体上的成长，更重要的是心灵和智慧的成熟。通过不断的学习和实践，我们可以拓宽自己的视野，增长自己的见识，提升自己的综合素质。就像虎在狩猎中逐渐掌握更多的技巧和策略，我们在人生的探索中也会逐渐变得更加睿智和强大。

篇末总结

虎在丛林中面对复杂环境，总能思考应变，用智慧找到破解难题的方法。在人生的旅途中，我们也要学会灵活应变，用智慧去破解生活中的各种困局，让前行的道路更加顺畅。

虎在捕猎和休息之间，总能找到完美的平衡点，既保证了充足的体力，又不错过任何捕猎的机会。在生活中，我们也要学会张弛有度，找到工作与休息的平衡点，从而让生活更加和谐美好。

虎在丛林中能敏锐地识别猎物的伪装，时刻保持清醒的头脑。在人生的道路上，我们也要学会保持清醒，不被表面的假象所迷惑，用理性的眼光去看待周围的人和事。

虎在家庭中忠诚负责，勇于担当起保护幼崽的责任。在生活中，我们也要学会忠诚负责，勇于担当起自己的责任，为家人、朋友和社会贡献自己的力量。

虎在丛林中自信地展现自己的威严和力量，成为森林中的王者。在人生的舞台上，我们也要学会自信绽放，勇于展现自己的才华和魅力，成为自己人生的主角。

虎不断探索新的领地，寻找更多的机会和资源，让自己变得更加强大。在人生的道路上，我们也要勇于探索未知的世界，不断学习新的知识和技能，让自己在竞争中变大变强，从而开启新的征程。